高职高专新能源类专业系列教材

光热发电技术基础

主　编　李良君　王　欣
参　编　沈　洁　武洪娟　丁　玮
　　　　张润华　皮琳琳　刘　靖
主　审　王建明

机械工业出版社

本书介绍光热发电技术的发展、优劣势和政策形势，重点介绍了抛物面槽式、集热塔式、线性菲涅尔式和碟式等几种典型的光热发电技术，并列举了国内外典型的光热发电站。

全书分为八章，第一章概要介绍太阳能利用、太阳能光热发电的类型、太阳能光热发电技术的发展趋势，将光热发电与光伏发电、光热发电与太阳能直接热利用进行对比。第二章～第五章介绍几种典型的光热发电技术形式——抛物面槽式、集热塔式、线性菲涅尔式和碟式的发电原理，特点，系统组成结构，主要部件/子系统的技术和设计选择。第六章对这几种技术形式从技术潜力、成本、在光热发电站所占比例及商业前景等几方面进行比较分析。第七章介绍国内外光热发电的发展现状、发展趋势及面临的问题，对比介绍国内外的光热发电激励政策和形势，指出光热发电的长远意义。第八章介绍了国内外典型的光热发电项目实例。

本书可作为高职高专新能源专业的教材，也可供相关工程技术人员参考。

为方便教学，本书配有电子课件、模拟试卷及答案等，凡选用本书作为教材的老师，均可来电索取。咨询电话：010-88379375；电子邮箱：3206113689@qq.com。

图书在版编目（CIP）数据

光热发电技术基础 / 李良君，王欣主编. —北京：机械工业出版社，2017.8(2026.2 重印)
高职高专新能源类专业系列教材
ISBN 978-7-111-57705-8

Ⅰ. ①光… Ⅱ. ①李… ②王… Ⅲ. ①太阳能发电-高等职业教育-教材 Ⅳ. ①TM615

中国版本图书馆 CIP 数据核字（2017）第 195482 号

机械工业出版社（北京市百万庄大街 22 号 邮政编码 100037）

策划编辑：王宗锋　　责任编辑：王宗锋　高亚云
责任校对：刘　岚　　封面设计：陈　沛
责任印制：单爱军

北京盛通数码印刷有限公司印刷

2026 年 2 月第 1 版第 4 次印刷
184mm×260mm · 7.5 印张 · 169 千字
标准书号：ISBN 978-7-111-57705-8
定价：29.00 元

电话服务
客服电话：010-88361066
010-88379833
010-68326294

网络服务
机 工 官 网：www.cmpbook.com
机 工 官 博：weibo.com/cmp1952
金 书 网：www.golden-book.com
机工教育服务网：www.cmpedu.com

前言

由于光热发电产业的蓬勃兴起，各院校必将紧跟行业形势，陆续开设此类专业或课程。由于这是一门比较新开设的课程，现在可用的教材和参考书较少，因此拟针对高职高专新能源类专业教育，编制一本合用的教材。

“光热发电技术基础”是新能源专业群的专业基础课程、光热专业的专业课程。本课程采用教、学、做一体化教学模式，使学生了解光热发电的概念和类别、光热发电的应用、发展政策和趋势，掌握目前几种典型的光热发电形式如抛物面槽式、集热塔式、线性菲涅尔式和碟式的系统组成、技术和应用领域、应用方向。本书可在新能源专业群的风电、节能、光伏、光热等专业使用。

建议学时数为48学时。

参与本书编写的老师有李良君、王欣、沈洁、武洪娟、丁玮、张润华、皮琳琳和刘靖，全书由李良君统稿，由王建明审稿。

本书在编写过程中，部分内容参考了有关资料，参考资料来源恕不一一列举，谨对相关作者表示感谢。

限于编者水平，书中定有不少疏漏和错误，恳请读者批评指正。

编　者

目 录

光热发电概述

第一节 概　　述

一、太阳能利用

环境与能源问题是当今世界面临的两个重要问题。随着化石能源日趋枯竭，一次能源的利用成本也在不断增加。由于燃烧大量的矿石燃料，环境问题日益严重，温室效应、空气污染越来越受到人们的重视。如果不采取果断而有效的行动，二氧化碳的排量将会急剧上升。从经济、环境和社会的角度来看，目前的能源供应和使用趋势明显不是可持续的。不断增加的石油需求将会加大对能源供应问题的忧虑。改变目前的能源利用方式将会发挥关键作用。近年来一些可再生能源受到了人们的推崇，为各国所重视。太阳能是一种取之不尽、用之不竭的清洁能源，利用太阳能直接发电是缓解甚至解决能源问题的一种有效方式，世界各国都在做积极的努力，已经有很多太阳能发电项目投入运行，在未来，太阳能发电技术必定有着广阔的发展前景。

太阳能是太阳通过辐射的方式向宇宙空间释放的能量，人类所需能量的绝大部分都直接或间接来自太阳。各种植物通过光合作用把太阳能转变成化学能储存在植物体内。煤炭、石油、天然气等化石燃料也是由古代埋在地下的动植物经过漫长的地质年代形成的。它们实质上是由古代生物储存下来的太阳能。此外，水能、风能等也都是由太阳能转换来的。地球轨道上的平均太阳辐射强度为 1367W/m^2。地球赤道的周长约为 40000km，从而可计算出，地球接收的功率可达 173000TW。海平面上的标准峰值强度为 1kW/m^2，地球表面某一点 24h 的年平均辐射强度为 0.20kW/m^2，相当于有 102000TW 的能量，人类依赖这些能量维持生存，其中包括所有其他形式的可再生能源（地热能资源除外）。虽然太阳能资源总量相当于现在人类所利用能源的一万多倍，但太阳能的能量密度低，而且它因地而异，因时而变，这是开发利用太阳能面临的主要问题。太阳能的这些特点使得它在整个综合能源体系中的作用受到一定的限制。

太阳能是一种取之不尽、用之不竭的清洁能源，在环境与能源问题日趋严峻的今天，很多国家都对太阳能发电技术进行了研究和实践，并取得了一些成果。太阳能光热发电是太阳能利用的一种有效方式，目前主要有槽式、塔式、线性菲涅尔式和碟式几种典型的太阳能光热发电方式。比之传统的火力发电方式，太阳能有其环保的优势，但是也存在一些问题需要去克服。随着人类对清洁能源的需求不断增长，太阳能发电技术将会得到更加深入的发展。

二、太阳能光热发电的类型

作为一种广泛的清洁能源，太阳能有很多利用方式，如太阳能发电、太阳能热水器、太阳能采光采暖及太阳能干燥等，其中太阳能光热发电也叫聚焦型太阳能光热发电（Concentrating Solar Power，CSP），可以大规模集中利用太阳能，是一种解决能源问题的有效途径。

太阳能光热发电技术就是利用光学系统聚集太阳辐射能，用以加热工质，产生高温蒸汽，驱动汽轮机组发电，简称光热发电技术。与光伏发电相比，光热发电具有效率高、结构紧凑及运行成本低等优点。

根据聚光方式的不同，光热发电技术可分为四种：槽式、塔式、碟式和线性菲涅尔式。四种方式的不同的直接体现是聚光比的不同。聚光比即吸收体的平均能流密度和入射能流密度之比。四种方式都可以大致地分为太阳能集热系统、热传输和交换系统和发电系统三个基本系统。但是因为聚光比不同，导致能够达到的集热温度也不同，所以四种聚光方式对应的组成系统也有不同程度的差异。

1．抛物面槽式太阳能光热发电系统

一般所称槽式，主要是指抛物面槽式，如图 1-1 所示，利用抛物线的光学原理，聚集太阳辐射能。槽式太阳能光热发电系统中抛物线纵向延伸形成的平面称为抛物面，它能将平行于自身轴线的太阳辐射汇聚到一条线（带）上，提高能量密度，易于利用。在这条太阳辐射汇集带上布置有集热管，用来吸收太阳能，并将其转化为热能。目前的集热管一般为真空式玻璃集热管。集热管由外部的玻璃管和内部的吸热管构成，两管之间的空隙抽真空以阻止热量损失。吸热管由不锈钢制成，内部有工质流动，在不锈钢管的表面涂有黑色的吸热薄膜，薄膜对太阳光有较高的吸收率，同时在红外波频段有较低的发射率，这样就能够有效地吸收太阳能。这种系统还需要设置控制系统来适应太阳能光在一天中角度的变化。聚光集热系统将太阳能转化为集热管内导热流体的热能，然后用高温工质加热给水，产生蒸汽去冲转汽轮机发电。槽式太阳能光热发电系统的聚光比为 20～80，以油为导热流体的集热温度最高为 300～400℃，以混合硝酸盐为导热流体最高能使集热温度达到 550℃，后者对于提高发电效率而言更具有优势，但是总的发电效率还是较低。另外，为了克服太阳能在时间上分布不均匀的特点，还要设置蓄热储能系统，或者是用其他燃料作为补充调整。

图 1-1　抛物面槽式太阳能光热发电系统

从20世纪80年代开始，世界上很多国家都开展了槽式太阳能光热发电系统的研究和建设。表1-1列出了一些著名的槽式太阳能发电站。

表1-1 国际上已投产的著名槽式太阳能发电站

地点	年份	装机容量/MW	热力循环
西班牙阿尔梅里亚	1981	0.5	蒸汽循环
日本香川县	1981	1	蒸汽循环
美国加州 SEGS	1985～1991	354	蒸汽循环
西班牙 DISS	1996～1999	2	直接产生蒸汽发电
希腊克里达岛	1997	50	蒸汽循环
以色列	2001	100	蒸汽循环
美国内达华州	2006	64	蒸汽循环

目前，美国、以色列、澳大利亚、德国等国家是太阳能利用大国，也是槽式太阳能光热发电技术强国。其中美国LUZ公司是槽式太阳能光热发电技术应用的典范，在1985～1991年间，美国在南加州（加利福尼亚州简称加州）先后建成9座槽式光热发电站，总装机容量为353.8MW。2010年10月，美国政府批准在加利福尼亚州南部沙漠地区建设一个名为“布莱斯太阳能项目”的新能源项目，这是在美国公共土地上实施的规模最大的太阳能发电项目。“布莱斯太阳能项目”建设地点位于加州布莱斯地区附近的莫哈维沙漠内，项目占地2833hm^2，耗资60亿美元，建成后拥有1000MW发电能力。和发达国家相比较，目前我国在这方面还相对落后。

2．线性菲涅尔式太阳能光热发电系统

线性菲涅尔式太阳能光热发电系统的基本原理与槽式系统类似。不同之处在于其使用平面反射镜，同时其集热管是固定的。

3．塔式太阳能光热发电系统

塔式太阳能光热发电系统由定日镜群、接收器、蓄热槽、主控系统和发电系统5个部分组成，如图1-2所示。在地面上布置大量的定日镜（一种自动跟踪太阳的球面镜群），在这一群定日镜中的适当位置建立一座高塔，高塔顶上安装接收器。各定日镜均使太阳光聚集成点状，集中射到锅炉上，使接收器的传热介质达到高温，并通过管道传到地面上的蒸汽发生器，产生高温蒸汽，由蒸汽驱动汽轮发电机组发电。接收器是塔式太阳能光热发电系统的重要组成部分，根据结构形式不同，可分为管式和容积式，其中管式可分为外露式和腔体式。

图1-2 塔式太阳能光热发电系统

外露式接收器的一些技术类似于太阳能集热管，但是它的工作温度非常高，体积也很庞大。这种接收器可四周受光，多用于大型太阳能系统，其缺点是热管直接暴露而产生热量散失。那么能否像普通集热器那样加上玻璃外套呢？事实上很困难，因为接收器体积太大。

腔体式接收器用耐高温材料制成空腔，空腔一面开口，装有透光好、耐高温的石英玻璃。腔内壁有金属网以增大吸热与交换面积。封闭的内腔似绝对黑体，吸热性能很好，会聚的阳光透过石英玻璃窗口能在腔内产生很高温度，传热的工作介质（一般为高压空气）通过内腔被加热成超过 1000℃的高温气体输出。

由于腔体有保温层，故热损失小，且价格低廉，但空气比热容小、导热系数低，如何高效传热是主要的技术问题。腔体式接收器大多只是一面开窗，故接受阳光的角度是有限的，一般不超过 120°。

4. 碟式太阳能光热发电系统

碟式太阳能光热发电系统采用碟式聚光形式，碟式聚光系统的太阳辐射反射面布置成碟（盘）形，聚光比可以达到 3000 以上，因此能在焦点处产生很高的温度，比其他几种光热发电方式的聚光温度都要高，运行温度能够达到 750～1500℃，因此它可以达到的热机效率最高。

碟式太阳能光热发电系统包括聚光器、接收器、热机、支架及跟踪控制系统等主要部件。系统工作时，从聚光器反射的太阳光聚焦在接收器上，太阳能被热机转化为热机内部工作介质的内能，使工作介质温度升高，即可推动热机运转，并带动发电机发电。碟式太阳能光热发电系统如图 1-3 所示。

图 1-3 碟式太阳能光热发电系统

不同于槽式太阳能光热发电系统，碟式太阳能光热发电系统的热电转化装置主要采用斯特林机作为原动机。自由活塞斯特林机是一种活塞式外燃机，在气缸内有一个配气活塞和一个动力活塞。气缸侧壁连接配气活塞上下室的旁路，循环工质通过旁路交替运动到配气活塞的上室和下室。上室和热源交换器耦合，将吸热器的热量传递给工质，工质受热膨

胀推动动力活塞做功，输出功率。下室通过中间介质回路把余热传递给回热器，工质通过旁路往复流动完成循环。斯特林热机的热电转换效率最高可达 40%。

太阳能辐射随天气变化很大，所以热电转换装置发出的电力不是很稳定，不能直接提供给用户，需要经过一系列处理之后才能输出 220V 的工频电。和槽式太阳能光热发电系统一样，也需要有储能装置、蓄电池和补充能源。

与槽式太阳能光热发电系统相比，碟式太阳能光热发电系统还没投入到商业应用，暂时处在示范实施阶段。国外已有多座碟式太阳能光热发电站或示范系统建成并成功运行。美国、 西班牙、德国等国家分别建设了 9～25kW 的发电系统并且成功运行。

我国太阳能资源丰富，从 20 世纪 70 年代末就已经开始对太阳能的热利用进行研究，但主要研究方向为太阳能供热。中国科学院电工研究所针对碟式太阳能光热发电系统中的聚光器和跟踪控制系统进行了研究，并且建立了碟式太阳能光热发电试验系统；中国科学院工程热物理所对用于碟式太阳能光热发电系统的直接照射式接收器进行了一些模拟试验研究，分析了其热性能的影响因素。

总的来说，碟式太阳能光热发电系统还处在初期阶段，但是因为其效率较高，所以很多国家都比较重视，积极开展相应的研究活动。

三、太阳能光热发电技术的发展趋势

为了应对矿石燃料日益减少带来的能源危机，减少碳排放量，保护环境，世界各国都开展了可再生能源技术的研究和应用，包括太阳能、风能、潮汐能、地热能、水能及生物质能等，其中太阳能是可再生能源的重要组成部分，因其具有限制条件较少、易于实施应用、能够实现大容量发电等技术优势，在未来将有广阔的发展前景，光热发电产业化正进入快速发展期，随着技术进步和产业化成型，这一产业在未来 20 年内将迎来发展高潮。太阳能光热发电技术将在人类未来的能源结构中占据一席之地。

据推算，到 2020 年，全世界太阳能光热发电累计装机容量将达到 6858 万 kW，年均装机容量 1260 万 kW；欧盟（欧洲联盟的简称）在 2010 年 6 月发布的《太阳能热电 2025》报告中指出，到 2025 年，仅欧洲的太阳能光热发电累计装机容量就将达到 6000 万到 1 亿 kW；国际能源署（IEA）下属的 Solar PACES、欧洲太阳能热发电协会（ESTELA）和绿色和平组织预测认为 CSP 到 2030 年在全球能源供应份额中将占 3%～3.6%，到 2050 年占 8%～11.8%，这意味着到 2050 年 CSP 装机容量将达到 830GW，年均装机容量更将超过 4000 万 kW（40GW）。

据美国能源部主持的研究结果表明：在大规模发电方面，塔式太阳能光热发电将是所有太阳能发电技术中成本最低的一种。据预测，到 2020 年，其发电成本大约为 5 美分/kWh，具有很强的市场竞争力。

目前，制约太阳能光热发电技术大规模应用的因素是其成本较高，这要求技术进步，如新材料、新集热系统技术等。总的来说，太阳能光热发电技术将会向着低成本、大规模的方向快速发展。

截至 2013 年底，全球光热发电已投产装机容量与 2012 年相比新增近 90 万 kW，增幅达 36%，光热发电已投产装机总容量超过 340 万 kW。十年间光热发电的投产装机容量增长了近 10 倍。从 2008 年底到 2013 年底的 5 年间，全球光热发电装机容量年均增速保持在 50%左右。2015 年，全球光热发电装机容量达到 4940MW，2016 年达到约 5017MW。

全球光热发电装机容量统计如图 1-4 所示。

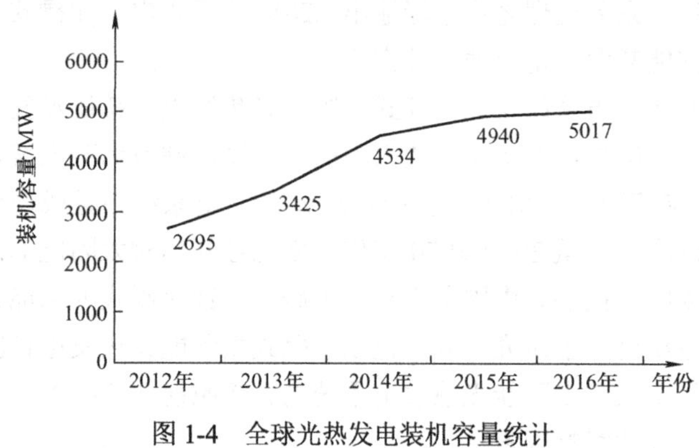

图 1-4　全球光热发电装机容量统计

和发达国家相比较，我国在太阳能光热发电领域受经费和技术条件的限制，开展的工作比较少。“六五”期间建立了一套功率为 1kW 的塔式光热发电模拟装置和一套功率为 1kW 的平板式太阳能低温光热发电模拟装置。此外，我国还与美国合作设计并试制成功率为 5kW 的盘式太阳能发电装置样机。

直到 2010 年初，槽式太阳能光热发电系统成套设备核心技术才由北京中航空港通用设备有限公司与中国科学院（中科院）工程热物理研究所、华北电力大学合作研发成功，实现了曲面聚光镜从技术到生产的完全国产化。2010 年 8 月 10 日，我国首个太阳能槽式发电项目首个生产基地奠基仪式在沅陵城郊举行。该项目突破了聚光镜片、跟踪驱动装置、线聚焦集热管 3 项核心技术，我国是继美国、德国、以色列之后全部技术国产化的国家。

太阳能光热发电的四种技术形式，相比之下各有优劣。以美国为主的槽式系统最长运行时间达近 30 年，说明槽式光热发电技术的可靠性已经经受住了时间的考验，技术最为成熟；塔式系统发电效率较高，但占地面积较大，目前主要用于偏远地区的小型独立供电；碟式系统发电效率最高，但存在反射镜局部容易过热等问题；线性菲涅尔式发电优势明显，投资比槽式发电低 45%，占地面积仅为塔式的 1/4。

第二节　光热发电的优劣势

一、光热发电与光伏发电

1．原理对比

光伏发电是指利用半导体界面的光生伏特效应，通过太阳电池将太阳能直接转化成电能的一种技术。

太阳能光热发电（也称聚光型太阳能热发电，CSP）是指利用大规模抛物面反射镜或

碟形反射镜阵列收集太阳能转化为热能，通过换热装置产生蒸汽，结合传统汽轮发电机的工艺，从而达到发电的目的。

2．系统形式对比

光伏发电主要分为并网光伏发电系统和独立光伏发电系统。

并网光伏发电是指光伏发电连接到电网的发电方式，成为电网的补充，典型特征为不需要蓄电池。独立光伏发电是指光伏发电不与电网连接的发电方式，典型特征为需要用蓄电池来存储夜晚用电的能量。

3．能量转换对比

光伏发电仅需经过一次光电转换，产生的是直流电，而太阳能光热发电则需要经过光到热再到电的二次转换，产生的是和传统的火力发电一样的交流电，传统发电方式和现有电网的匹配性更好，可直接上网。

光热发电的二次转换，增加了系统集成的难度，但热量发生作为光热发电站运行的一个中间环节，也扩大了光热发电技术的应用领域。比如，可以利用其产生的过热蒸汽与传统的燃煤发电站、燃气发电站或生物质发电厂进行混合发电，也可以将其产生的热量作为副产品用于海水淡化、工业用热、空调等领域。

4．储能方式对比

光伏发电和光热发电之间最为重要的差别，在于各自在能量储存方式上的差异。由于光伏发电是由太阳能直接转换为电能，因此其多余的能量需用电池储存，其技术难度和造价远比太阳能光热发电中仅需储热要高得多。光热发电的储能方式使其具备调峰的功能，对于弥补太阳能发电的间歇性以及提高电网的调峰能力，具有非常重要的意义。因此，易于对多余的能量进行储存，以实现连续稳定的发电和调峰发电，是太阳能光热发电相较于光伏发电的一个最为重要和明显的优势。

5．工程特性对比

在工程技术和安装上，光伏发电的全部光电转换被完整地包含在一个模块当中，功能独立，因此非常适合分布式发电。光伏发电的集中式发电，也是基于数目众多的太阳电池模块的叠加效应，是对单块电池的拼装和连接。一旦电池出厂，就已经是功能独立的运行单元，后期的现场安装和维护都相对简单。所以产业的重点在于对单片的太阳电池的制造技术的开发上。而光热发电技术，除了斯特林（碟式）本身有类似于光伏发电的模块化的特点以外，其他三种光热发电方式缺乏用于分布式小型发电的优势，更适合于大型集中式发电，其经济性也只有在大规模的集中式发电中才能够体现出来。在太阳能光热发电技术中，虽然所使用的材料都只是一般的常规材料，诸如玻璃和钢材，但系统集成更具工程性，现场安装和施工都相对复杂，并且对于整个项目的成功至关重要。如镜场支架的安装及调试等，甚至是经验都起着非常关键的作用。因此，光伏发电主要应用于分布式发电，而光热发电则较多用于集中式发电。

6. 环境影响对比

1）环境污染方面。目前常见的太阳电池在生产过程中会产生各种可能的污染物（如粉尘、烟气、纳米颗粒和化学气体的尾气产物等），对环境和操作人员都会产生不良影响，但短时间内其生产依然摆脱不了高污染与高能耗。相比较而言，太阳能光热发电站的建造和维护对环境影响小、污染少。

2）环境温度方面。环境温度升高会使光伏电池的输出功率下降，但环境温度越高，光热发电的集热效率则越高。因此，光热发电更适合于气温较高的地区，光伏发电则更适合于气温较低的地区。

光热发电技术已相对成熟，产业化初步形成；光伏发电技术已成熟应用，未来可能还会有新的技术突破，产业化程度已经较高。二者都有各自的优势和发展前景，并没有直接冲突。在太阳能发电发展比较好的地方应该既有光热发电系统，又有光伏发电系统，因此两者长期来看是互补关系。

此外，太阳能光热发电与光伏发电相比，避免了昂贵的硅晶光电转换工艺，可以大大降低太阳能发电的成本。

二、光热发电与太阳能直接热利用

1. 太阳能直接热利用

太阳能直接热利用是指通过特定的集热装置，吸收太阳辐射能，直接转化为热量，传给工作媒质、设施，以满足用户需要。太阳能直接热利用的原理是物体吸收太阳辐射能，温度上升，继而向外界散热。如果单位时间内，物体单位面积吸收的太阳辐射能和向外散热平衡，则物体保持恒定的温度；假如采取一定的措施，使物体吸收太阳辐射功率大于散热功率，则物体的温度将会升高。减少热传导、对流、反射及散射能量损失，使能量聚集，温度就会逐渐升高；采取相反的措施，温度就会逐渐下降。按利用的温度不同分为太阳能低温（<100℃）利用、中温（100～500℃）利用和高温（>500℃）利用。太阳能直接热利用的关键部分是太阳能集热器，目前使用的太阳能集热器根据集热方式不同分为平板型集热器和聚焦型集热器，前者接收太阳辐射的面积和吸热体的面积相等，为了接收到较多的太阳能需要很大的集热面积，且集热介质的工作温度也较低；后者通过采用不同的聚焦器，如槽式聚焦器和塔式聚焦器等，将太阳辐射聚集到较小的集热面上，可获得较高的集热温度。

2. 太阳能直接热利用设施

（1）太阳能热水器　太阳能热水器收集太阳辐射能来加热水以供使用。其主要部件有集热器、储热水箱、循环水泵和控制系统。集热器和储热水箱合二为一的称为闷晒式热水器，反之称为分立式热水器。按热水流动方式可分为自然循环式、强制循环式和直流式。

（2）太阳房　太阳房是直接利用太阳能采暖或降温的房屋，是一种可取暖发电，又可降温去湿、通风换气的节能环保型住宅。太阳房把隔热材料、透光材料、储能材料等集成在一起，使房屋尽量多地吸收并保存太阳能，达到房内采暖的目的。太阳房采暖主要利用南坡屋面的铁板吸收太阳能，加热从屋外进入的冷空气，当通过屋顶最高处的玻璃板时，

空气温度被提升，将通气层内的热空气聚集到热气通道里，通过控制箱送到地板下储存，并从靠墙的地板风口流出来；太阳下山后，风扇停止转动，控制箱内的风门会自动关闭，避免室外的冷空气流入室内，储存在地板下的热量慢慢释放出来，室内降温减慢，使房屋尽量保存太阳能，获得取暖的效果。

按照工作方式的不同，太阳房可分为被动式和主动式。被动式太阳房是一种借助传导、对流和辐射利用太阳能采暖纳凉的房屋，容易建造，不必安装机械动力设备，有较好的经济和社会效益。建造被动式太阳房要根据当地气候条件，不使用太阳能集热器，完全依靠建筑物本身的吸热、隔热、蓄热和通风等特性，达到冬暖夏凉的目的。主动式太阳房一般由太阳能集热器、传热流体、蓄热水箱、散热器、控制系统及辅助能源构成。它需要电源、热交换器、泵和风机等设备。因此，这种太阳房造价较高，但室温能人为控制，调节方便，采暖和降温效果更好。

3. 太阳能直接热利用的采集方式

太阳能直接热利用的采集方式可分为直接受益式、集热蓄热墙式、蓄热屋顶式、温室蓄热墙式和对流蓄热综合式五种基本类型。

由以上可见，光热发电与太阳能直接热利用的区别在于：

太阳能直接热利用是用太阳能集热器将太阳辐射能收集起来，通过与物质的相互作用转换成热能直接加以利用。在这个过程中，从太阳辐射能收集为热能后，只是在进行能量交换，能量的形式没有发生变化。

而光热发电则是通过反射镜将太阳光汇聚到太阳能收集装置，利用太阳能加热收集装置内的传热介质，再加热水形成蒸汽带动或者直接带动发电机发电。在这个过程中，能量不只是交换，还有从太阳辐射能到热能再到电能的能量转换。并且，太阳能加热的水可以储存在巨大的容器中，在雨天和夜间仍然能够带动汽轮机发电。

4. 光热发电技术的优劣势

由前述光热发电与光伏发电、太阳能直接热利用技术的对比，可以比较充分地看到光热发电技术的优劣势：

优势：电能质量优良，可直接无障碍并网；可储能，可调峰，实现连续发电；清洁无污染，助力碳减排；光热发电可同时生产氢气等聚光太阳能燃料，并可同时用于海水淡化、太阳能空调、工业热气及热电联产等。

劣势：由于热电转换环节与火电相同，太阳能光热发电也与火电同样具备显著的规模效应，虽然优于风电和光伏发电，但其成本还是很高。随着技术进步和产业规模扩大，太阳能光热发电的成本将很快接近甚至低于传统化石能源发电成本。

本 章 小 结

太阳能光热发电是指：利用光学系统聚集太阳辐射能并转化为热能，通过换热装置产生蒸汽，结合传统汽轮机发电机组的工艺，从而达到发电的目的。采用太阳能光热发电技术，避免了昂贵的硅晶光电转换工艺，可以大大降低太阳能发电的成本。而且，这种形式的太阳能利用还有一个其他形式的太阳能转换所无法比拟的优势，即太阳能加热的水可以储存在巨大的容器中，在太阳落山后几个小时仍然能够带动汽轮机发电。

太阳能光热发电是太阳能热利用的重要方面。作为太阳能大规模发电的重要方式，太阳能光热发电具有一系列显著优点：首先，其全生命周期的碳排放量非常低，根据国外研究仅有 18g/kWh；另外，该技术在现有太阳能发电技术中成本最低，更易于迅速实现大规模产业化；此外，太阳能光热发电还具有非常强的与现有火电站及电网系统相容的优势。

太阳能光热发电是新能源利用的一个重要方向。它可以大大降低太阳能发电的成本，主要形式有槽式、塔式、碟式（盘式）和线性菲涅尔式四种。

问题与思考

1．简述光热发电与光伏发电的不同。
2．简述光热发电与太阳能直接热利用的不同。
3．简述光热发电技术的优缺点。

第二章 抛物面槽式光热发电技术

第一节 概　　述

一、抛物面槽式光热发电的概念

抛物面槽式光热发电全称槽式抛物面反射镜太阳能光热发电，简称槽式太阳能光热发电。它是利用抛物线的光学原理，将多个槽式抛物面聚光集热器进行串并联排列，聚集太阳辐射能，加热工质，产生高温蒸汽，驱动汽轮机发电机组发电的一种太阳能光热发电技术。

抛物线纵向延伸形成的平面称为抛物面，它能将平行于自身轴线的太阳辐射汇聚到一条线（带）上，提高能量密度，易于利用。在这条太阳辐射汇集带上布置有集热管，吸收太阳能，转化为集热管内导热流体（传热工质）的热能，然后用高温工质去加热水，产生高温水蒸气，驱动汽轮机转动发电。槽式光热发电的结构组成与工作原理如图 2-1 所示。

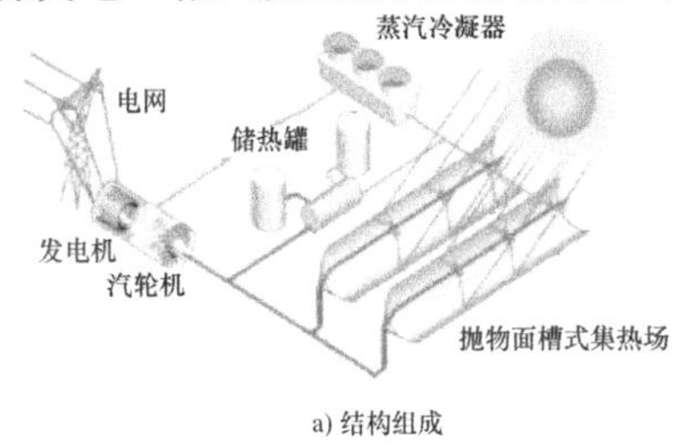

a) 结构组成

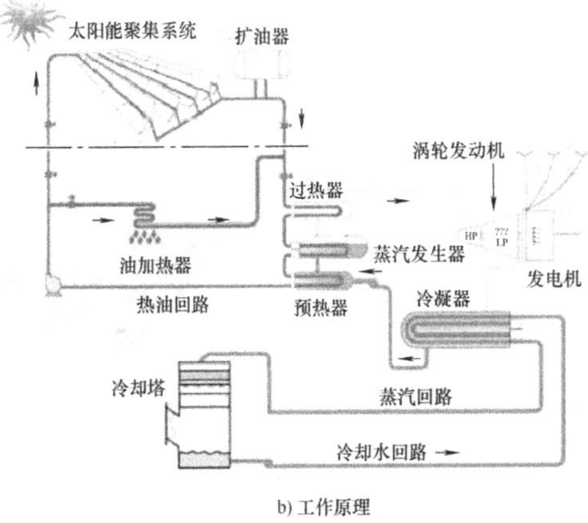

b) 工作原理

图 2-1　槽式光热发电的结构组成与工作原理

槽式光热发电是目前国际上发电规模最大，且已经用高温工质实现商业化的，较为理想的光热发电技术。

二、槽式光热发电系统的组成

槽式光热发电系统主要由聚光集热系统、蓄热储能系统、发电系统和辅助能源系统组成。槽式光热发电系统的组成如图 2-2 所示。

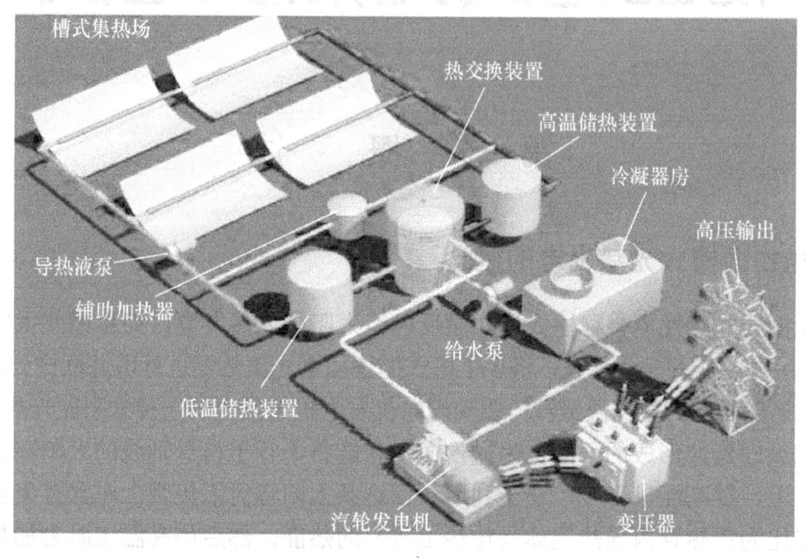

a)

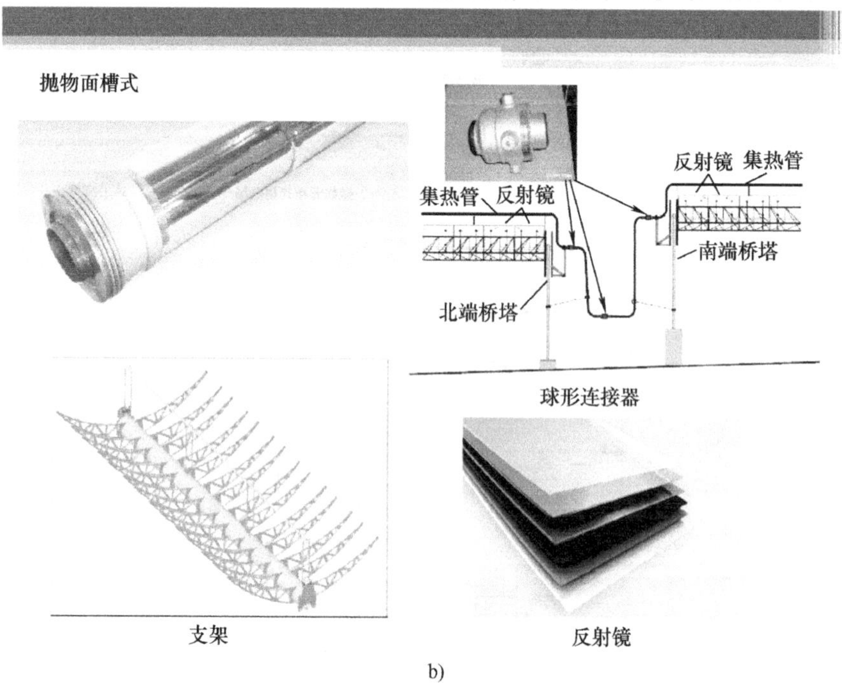

b)

图 2-2 槽式光热发电系统的组成

c)

图 2-2　槽式光热发电系统的组成（续）

1）聚光集热系统：包括镜场、跟踪系统、集热管、传热工质以及相应的传热管线。镜场是由抛物面反射镜组成的阵列，也包括反射镜的支撑结构（支架）。跟踪系统实现对太阳能的最大跟踪，包括传感器、驱动机构、控制系统等。集热管、传热工质以及相应的传热管线负责收集由反射镜聚集的太阳辐射能，转换成传热工质的热能，通过传热管线传递到蒸汽发生器。

2）蓄热储能系统：由于太阳能有时有有时无、有时强有时弱，必须由蓄热器提供足够的热能来补充乌云遮挡及夜晚时太阳能的不足，否则发电系统将无法正常工作，这就是蓄热储能系统的作用。蓄热储能系统利用储热介质（如熔融盐），储存太阳辐射能，以便光热发电站能够连续发电。

3）发电系统：槽式光热发电系统采用国内常规的汽轮发电机组作为发电设备，在此不多作赘述。

4）辅助能源系统：为了维持发电站能够持续运行，系统要求配套的蓄热子系统具有很大的容量，以致投资巨大，为了减小蓄热子系统的投资，常常在太阳能光热发电系统中采用常规燃料作为辅助能源系统。

三、槽式光热发电技术的优势

1．技术优势

1）采用线聚焦光热转换技术，稳定性好，增益高。

光热发电按聚光方式分为点聚焦和线聚焦两种。线聚焦就是将凸透镜由圆形或球形改成槽形，通过聚光镜将光线聚焦成焦线。槽形聚光开口的宽度和焦线的宽度之比为聚光比，聚光比越高，在聚焦焦斑处所获得的温度越高。

2）采用镜像聚焦，光热转换效率最高，聚能效果最好。

聚光装置按聚光成像方式分为镜像聚焦和非镜像聚焦两种。镜像聚焦类似于照相中的图像成像，焦点或焦线清晰。镜像聚焦光波增益最高，集热效率最高。塔式、线性菲涅尔式光热发电技术均为非镜像聚焦。

镜像聚焦的主要特点是焦距短、焦斑稳定，光热转换简便，聚光装置和吸热体为一体，聚光装置对太阳实施单轴自动跟踪，可确保聚光精度。

非镜像聚焦的主要缺点是焦距长、光衰大，聚光驱动装置稳定性差，实现设计目标难度大。

3）不受原料供给限制。

煤电和核电所需矿物燃料，需要经过找矿、建矿、采矿、采选、球磨、加工甚至化学提纯、浓缩、运输等产业链，燃料来源投资巨大；此外，煤电和核电所需燃料关系到国家能源安全，受到国内外政治、市场、储量、运输、技术等条件限制。

当然，不受原料供给限制是所有太阳能光热利用所共有的优势。

4）无碳排放，无污染，不产生有害垃圾，对环境友好。

燃煤发电对环境产生大量污染，属高碳排放。

核燃料在生产过程中产生的废弃物处置稍有不当，就会对环境造成相当严重的污染；发电结束后产生的核废料属于有害垃圾，处理难度大，危险性极大；核反应堆一旦出现重大事故对人类是灾难性的。

其他很多太阳能光热利用也有这项优势。

5）通过储热或与其他可再生能源互补，可延长有效发电时数，能够成为未来的基础性能源。

煤电年平均发电时数不小于5000h，核电为6000h，槽式太阳能光热发电通过储热可介于两者之间。

一些其他类型的太阳能光热发电技术，也可以通过储热延长有效发电时数。

2．产业优势

1）聚光装置零部件易于标准化，可形成完整产业链，便于大批量规模化生产。

2）全玻璃太阳能集热管的发展为线聚焦集热管产业化奠定了技术、人才以及基础原材料等产业基础，线聚焦集热管的生产工艺与普通全玻璃集热管大体相同，只是增加了金属材料除气、玻璃金属封接等关键技术。

3）槽式光热利用装置可利用现有技术和材料实现热储能，储能物质在我国已具备产业优势，同时还可带动相关工业发展。

4）槽式光热发电电力输出稳定、电力质量好，可替代燃煤、核电等化石能源发电技术。

5）槽式光热发电站拆除后的金属物、玻璃、熔融盐可全部回收利用。

3．应用优势

1）易于获得高温热能，是实现太阳能热利用由民用向工业用转变的有效技术手段，是提升我国太阳能热利用水平的有效技术手段。

2）应用范围宽，可广泛应用于工农业。既可在农村使用，也可在城市楼宇使用；既可发电，也可以供热，还可以用于海水淡化。

3）可与其他可再生能源，特别是生物质能源互补，实现全天候发电。

4）规模可大可小，既适合大规模建立光热发电站，也适合建立分布式梯级综合热利用设施。

5）可以结合光伏发电，最终实现能源替代。

第二节 反射镜的对比与选择

槽式反射镜的选择决定了槽式集热场的综合性能，并最终影响着光热项目的运行表现。

从最早投入应用的热弯玻璃反射镜，到已趋主流的弯钢化玻璃反射镜，槽式反射镜经历了一次大的演变更迭。

弯钢化玻璃反射镜为何得以成为主流产品？在中国特殊的自然环境条件下，对反射镜产品我们该设置什么样的选择标准呢？

一、两种弯玻璃产品的对比简析

热弯玻璃是将浮法玻璃原片加热至软化温度后，靠玻璃自重或外界作用力将玻璃弯曲成型并经自然冷却而成的玻璃成品。

热弯玻璃一般在金属模具上加热，玻璃软化后自然散热成型，这种成型工艺也决定了反射镜内部应力不均，球面变形严重，抗张强度低。另外它是一种脆性材料，在运输、安装使用时极易破裂，不属于安全玻璃范畴。热弯玻璃一般采用两片做成夹层玻璃后才能称之为安全玻璃。

有些公司此前尝试做过一些热弯夹层反射镜产品，但由于反射镜背面的金属反射层和保护漆部分无法和底部玻璃通过胶片有机结合，加上成本和重量过高，所以并未在光热发电市场获得推广。

弯钢化玻璃是将浮法玻璃原片加热至软化温度使玻璃弯曲成型后，再由专用设备快速均匀冷却而制成的。

弯钢化玻璃具有良好的机械性能和破碎后的安全性能，它的机械强度是普通玻璃的4～5倍，表面压应力在90MPa以上。

弯钢化玻璃具有良好的热稳定性，抗弯强度是普通热弯玻璃的8倍，抗冲击强度比普通热弯玻璃高12倍。能承受的温度是普通玻璃的3倍，可经受-40～327.5℃的剧变温差而不碎裂。破碎后碎片呈小颗粒状，无锐角，能够避免对人体造成伤害，产品广泛用于对机械强度和安全性能要求较高的场所，属于安全玻璃。

弯钢化玻璃相较于热弯玻璃来说，生产效率更高。热弯玻璃的生产效率大约为50片/h，而弯钢化玻璃的生产效率大约为180片/h，且弯钢化玻璃通过调节生产节拍还能进一步提高生产效率。另外，在这种成型工艺下，弯钢化玻璃的面型参数比热弯玻璃更好调节，因此用弯钢化玻璃生产的槽式反射镜的聚光精度更易调节和控制。

两种弯玻璃产品的性能对比见表2-1。

总的来看，热弯玻璃是在钢化玻璃还未出现的一定时期内的过渡性产品，在对玻璃安全性有需要的应用场合，目前都应全部采用（弯）钢化玻璃或热弯夹层玻璃。

表 2-1 两种弯玻璃产品的性能对比

项　　目	弯钢化玻璃	热弯玻璃	备　　注
工艺	原片加热至软化温度使玻璃弯曲成型后，再由专用设备快速均匀冷却而制成	原片加热至软化温度后，靠玻璃自重或外界作用力将玻璃弯曲成型并经自然冷却而成的玻璃成品	热加工工艺一致，冷却方式不同
优点	机械性能更高	自然冷却	
缺点	钢化风冷却设备价格高	抗张强度低，是一种脆性材料	
破坏应力/MPa	135	66	最大允许破坏应力
耐风压力/MPa	3011	860	单片 RP3 内片，1700mm×1641mm×4.0mm
	3291	940	单片 RP3 外片，1700mm×1501mm×4.0mm
抗冲击高度/m	4.5	1.3	225g 钢球
安全性	安全	非安全	

二、最优化的槽式反射镜选择

图 2-3、图 2-4、图 2-5 展示了热弯玻璃反射镜在商业化项目应用中出现破损的情况。图示为已退出主流市场的 RP1 和 RP2 型热弯玻璃反射镜，与目前市场上较为主流的 RP3 型反射镜相比，它们的开口更小，抗风等荷载的能力相对更强，根据国外现有项目案例，如果采用更大开口的热弯玻璃反射镜，带来的破损率会更大一些，这将给项目业主带来更高的运行成本，显著降低了项目收益。

a)

b)

图 2-3 RP1 型热弯玻璃反射镜出现破损

（开口 2550mm，槽式集热器高度 2800mm）

c)

图 2-3　RP1 型热弯玻璃反射镜出现破损（续）

（开口 2550mm，槽式集热器高度 2800mm）

a)

b)

图 2-4　RP2 型热弯玻璃反射镜出现破损

（开口 5000mm，槽式集热器高度 5300mm）

图 2-5　RP1 型热弯玻璃反射镜大量更换
（从背面颜色辨别新旧反射镜）

钢化玻璃反射镜厂商 Rioglass 对不同类型的反射镜在一个带储热的 50MW 槽式光热发电站中工作 25 年对项目运营成本的影响情况进行了评估，见表 2-2。

表 2-2　不同类型反射镜在 50MW 槽式光热发电站运行 25 年的运维费用

一座带熔融盐储热的 50MW 光热发电站（20 万个反射镜）在 25 年运营周期后的合计成本			
项目	热弯	夹层	弯钢化
反射镜更换(欧元)	4250000	2125000	42500
集热管更换(欧元)	260000	130000	0
更换反射镜人力(欧元)	750000	375000	7500
更换集热管人力(欧元)	39000	19500	0
合计(欧元)	5299000	2649500	50000
运营 25 年后，弯钢化玻璃比热弯玻璃总共节约 5250000 欧元			

由表 2-2 可见，采用弯钢化玻璃反射镜，25 年寿命期内的反射镜更换成本要远远低于热弯玻璃反射镜和热弯夹层玻璃反射镜，仅为后两者的 1%和 2%。

由于热弯玻璃反射镜破损时呈块状，因此极易对集热管造成损坏，采用热弯玻璃反射镜造成的集热管更换成本高达 26 万欧元。采用弯钢化玻璃反射镜则不会对集热管造成破损（不考虑集热管自身问题造成的更换）。加上因此产生的劳动力成本，热弯玻璃反射镜光热发电站的这部分总运维支出达到 529.9 万欧元，采用弯钢化玻璃反射镜的成本则仅为 5 万欧元，由此可节约运维支出近 525 万欧元，效益显著。

国内光热发电行业也早已意识到弯钢化玻璃反射镜将替代热弯玻璃反射镜成为主流趋势。目前，国内包括中海阳、成都禅德、台玻悦达、武汉圣普、浙江大明在内的几大反射镜厂商都采用了弯钢化玻璃反射镜的技术路线。

弯钢化玻璃反射镜在具体的性能指标上也有所差别，为适应中国特殊的自然地理环境，相关人士认为，槽式反射镜的选择应重点考虑以下几个方面：

1）基于我国西北地区温差大、风大的现实环境，必须对反射镜产品的耐机械荷载设定指标要求，参考《太阳能聚光器模块和组件设计资格和类型标准》（IEC62108：2007）及《集中式光电模块和组件设计资格鉴定和类型认可标准》（BSEN62108：2008）中设定的机械荷载测试要求，对反射镜产品的抗机械荷载能力进行测试。

由于热弯玻璃的强度低，只能满足最高 100km/h 的风速下不会破损，而为了保证反射镜在风速达到设计风速 45m/s（即 162km/h）时不被损坏，就需要采用弯钢化玻璃。弯钢化玻璃能够满足耐 200km/h 风速的。

2）必须符合 GB 9656—2003 对汽车安全玻璃（或 GB 15763.2—2005 对建筑用安全玻璃）抗冲击测试的要求。采用 227g 钢球冲击时，弯钢化玻璃可以承受 4.5m 的高度，而热弯玻璃只能承受1.3m 高度，远远无法满足标准要求。因此，热弯玻璃不能作为光热发电项目的选择，建议优先使用弯钢化玻璃反射镜产品以降低安全风险。

3）建议采用耐风压更高的钢化玻璃反射镜产品。按照玻璃反射镜产品的允许耐风压力强度计算公式，以 RP3 反射镜内片（1700mm×1641mm×4.0mm）为例，弯钢化玻璃反射镜的允许耐风压为 3011Pa，而热弯玻璃反射镜的为 860Pa。以 RP3 反射镜外片（1700mm×1501mm× 4.0mm）为例，弯钢化玻璃反射镜的允许耐风压为 3291Pa，而热弯玻璃反射镜的为 940Pa。

4）按照 IEC62108：2007 标准抗荷载设计要求，最低必须满足 2400Pa 的承载雪压要求，而根据热弯玻璃反射镜的计算结果，根本无法满足标准设计要求。

第三节　反射镜支架

常见的槽式光热发电反射镜支架有三种形式，分别是扭矩盒式、扭矩管式和拉伸冲压成形式，如图 2-6、图 2-7 和图 2-8 所示。

图 2-6　扭矩盒式槽式光热发电反射镜支架

图 2-7　扭矩管式槽式光热发电反射镜支架

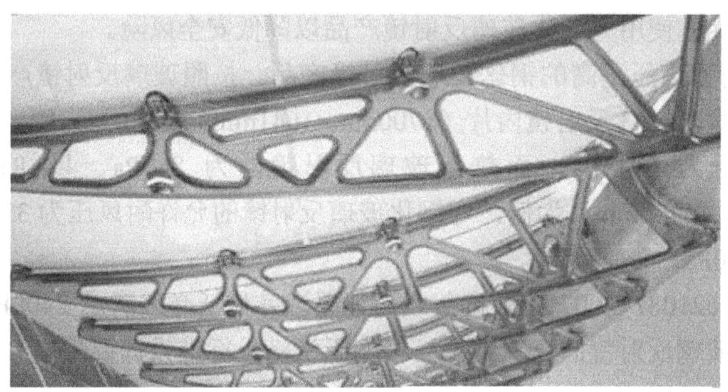

图 2-8　拉伸冲压成形式槽式光热发电反射镜支架

三种反射镜支架各有特点和优劣势，见表 2-3 所列。

表 2-3　三种反射镜支架对照

支架类型	优　点	缺　点
扭矩盒式	1．没有大型的零件，因而加工容易 2．适合大规模的工业化生产，产量高 3．因为零件较小，表面处理容易，成本较低 4．运输方便。单位体积容量利用率很高，运输费用低 5．技术最为成熟，风险最小	1．需要加工单体的零件数量很多 2．现场组装的时间较长，需用人工费用较高 3．现场调试相对困难，连接零部件多，精度不好控制
扭矩管式	1．采用主轴结构，加工精度高 2．适合模具化的工业化生产，产量高 3．现场组装的时间较短，需用人工费用较少 4．在相同的开口宽度下，重量比扭矩盒式要轻 5．现场安装调试的精度较高，时间短 6．适合制作跨度较长的集热器支架	1．需要加工的主轴较长，需要用较长的运输车辆，运价比不高 2．大型机械加工设备较多，厂房占地面积较大，加工成本高 3．需要定制大型的高精度加工模具 4．表面处理需要大型热浸镀设备 5．现场调试时需用较大的起重设备
拉伸冲压成形式	1．各个面上的几何尺寸可以控制得非常精确 2．一次成形，没有任何需要焊接的地方，生产周期短，效率很高 3．现场安装调试简单，需用时间短。人工费用最少 4．因为没有焊口存在，表面防护处理效果好 5．运输方便，运价比非常高	1．需要整张钢板下料，材料使用比较浪费 2．需要大型的拉伸模具，一次性投资比较大 3．需要定制大型的拉伸机械设备 4．需要定制大型的高精度钢板切割设备

第四节　跟踪控制系统

槽式跟踪控制系统本质上属于单轴跟踪控制系统，相较于塔式和碟式跟踪控制系统，要简单一些。

下面根据常见的槽式驱动机构的不同，对槽式跟踪控制系统做一个简单的概述。

一、液压缸驱动的槽式定日镜支架跟踪控制系统

液压缸驱动的槽式定日镜驱动机构如图 2-9 所示。

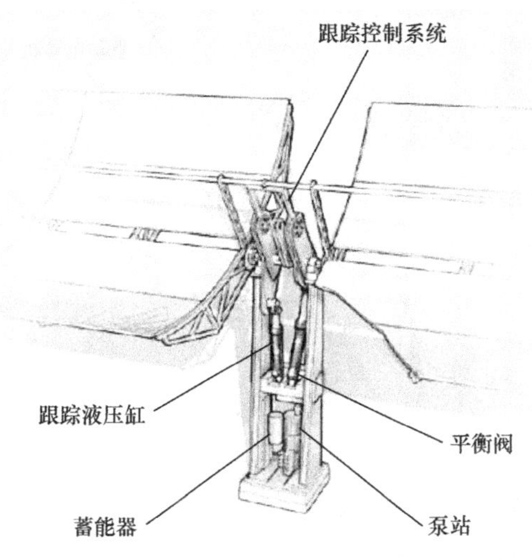

图 2-9　液压缸驱动的槽式定日镜驱动机构

该驱动机构由跟踪控制系统、平衡阀、蓄能器及泵站（一般由电动机和 4 个液压阀组成）等构成。跟踪控制系统控制两个液压缸来驱动定日镜旋转到追踪的位置。该机构形式被成功地应用于国外的槽式光热发电站中，一般采用南北向安装。国内对该结构的驱动和控制系统的研究也比较深入，已经实现了较为成熟的控制方案。

常规的控制方案是：用倾角传感器或者旋转编码器来对驱动机构进行定位，得知定日镜当前所处的角度，同时根据天文算法算出驱动机构理论上的角度，当两个角度存在偏差时，驱动 2 个液压缸运动，使定日镜旋转到理想的位置。

控制上的难点：

1）定日镜机械支架当前角度的精准测量。

驱动机构当前角度的测量一般都是由传感器来实现的。当驱动机构的旋转机构存在振动时或者由于外力（比如风力忽大忽小）等的影响，传感器的输出会存在一个跳变，或者输出信号中会一直叠加一个干扰的波形，如果控制系统的鲁棒性不强，则很容易会误动作。

2）驱动液压缸的切换。

该机构采用断续跟踪的形式，在正常的跟踪过程中，会存在两个液压缸的切换，两个

液压缸可能同时推、同时拉，也可能一个推一个拉。如果切换不及时或者不准确，则很容易导致驱动机构的损坏。

一般厂家都会做大量的测试，根据驱动机构的不同，设置不同的换向死区点，来达到精确控制的目的。

二、电动机驱动的槽式定日镜支架跟踪控制系统

电动机驱动的槽式定日镜驱动机构如图 2-10 所示。

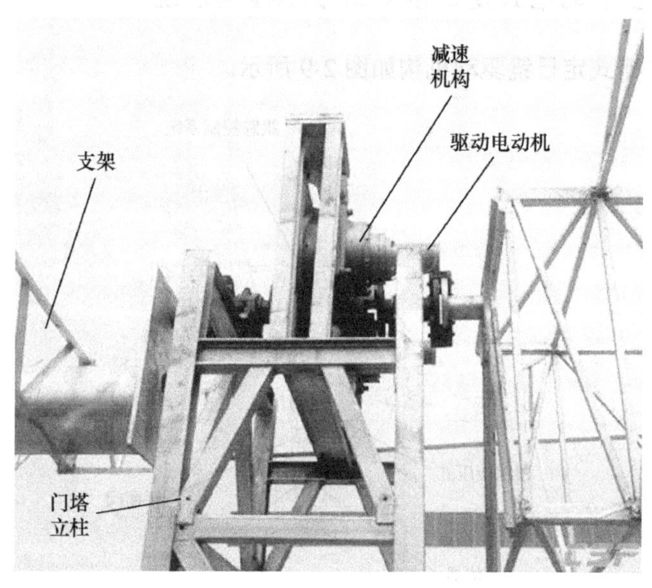

图 2-10　电动机驱动的槽式定日镜驱动机构

该机构由驱动电动机（交流电动机、伺服电动机或者步进电动机，不同厂商选用的驱动电动机不同）、减速机构、联轴器、支架等构成。控制系统控制电动机正转和反转来驱动定日镜旋转到跟踪的位置。该机构为了实现较精准的控制，一般会配有角度传感器或者追日传感器以实现闭环的控制。

该机构如果采用普通的电动机，则需要不断地控制电动机的起停，起停过程中，电动机的运行情况会随着载荷的不同而不同，不大可能实现较高的控制精度。

如果采用步进电动机或者伺服电动机，可以实现精确控制，但是成本上会稍微高一些。

三、两种槽式跟踪控制系统的比较

相较于液压缸驱动方式，电动机驱动方式的带载荷能力弱一些；但是电动机驱动的方式会大大降低由于两个液压缸的配合不好导致机械出现故障的概率。另外，如果采用步进电动机或者伺服电动机驱动，可以实现连续跟踪。连续跟踪的效果比断续跟踪好。

总之，不论采用哪种驱动方式，从控制策略上来讲，闭环控制比开环控制要好，实时修正比定时修正要好。

当前，还存在其他的一些结构，如极轴式槽式跟踪控制系统等，就控制系统而言各有特点，在此不再赘述。

第五节　集　热　管

一、集热管的结构和特性

槽式光热发电系统最为核心的部件是集热管，成本占发电站的10%左右，其性能指标、寿命和质量直接影响发电站运营。

目前的集热管有直通式金属-玻璃真空管、热管式真空管、双层玻璃真空管、聚焦式真空管和空腔管等。一般采用直通式金属-玻璃真空集热管，其外管为玻璃套管，内管为涂覆选择性吸收膜的不锈钢管，内管内为流动的加热工质。玻璃套管内外壁都涂有减反膜的涂层来减少玻璃管表面的光线反射损失，玻璃套管与不锈钢之间抽成真空，以减少热损失和防止选择性吸收膜氧化。

直通式金属-玻璃真空集热管应用得最多，但也有很多问题：金属与玻璃的连接要求高，长期运行过程中环状空间真空难以保持；选择性吸收涂层因与金属管膨胀系数不同导致反复变温下涂层脱落；高温下选择性吸收涂层容易老化。

单根集热管长约 4m，不锈钢管外径约 70mm，玻璃套管外径约为 120mm，不锈钢管和玻璃套管间通过玻璃-金属过渡件相互气密连接。由于金属和玻璃热膨胀系数不同和运行时受热强度不同（不锈钢管达到400℃以上，而玻璃套管则为100℃左右），因此要求不锈钢管和玻璃套管之间进行膨胀补偿。一般采用金属波纹管来缓解纵向热膨胀应力。为了保证集热管的真空度，在玻璃管与金属管之间有可以消除排气后残余气体的吸气剂。

集热管的热性能和可靠性决定了整个槽式光热发电系统的热效率和经济成本。从美国 9 座槽式光热发电站的运行和维护统计数据发现，集热管失效和损坏是造成电站最大的经济损失的因素。在 SEGS Ⅵ—Ⅸ发电站运行的 9～11 年间，30%～40%集热管真空失效，主要原因就是玻璃与金属封接处存在较大热应力，造成玻璃管损坏，从而降低了系统的集热效率。而直接替换这些损坏的管子是很不经济的，多根集热管是焊接在一起形成集热回路的，为了替换集热管，整个回路必须停止运行。所以，不论从经济性还是热效率考虑，金属与玻璃封接技术在槽式太阳能集热管中都是至关重要的技术。

对集热管的设计要求：

1）集热管参数设计合理，聚焦的太阳能不散焦。

2）太阳能光谱吸收率高，主要通过涂层实现。

3）高温时辐射（反射）率低，通过涂层实现。

4）金属管导热性能良好。

直通式金属-玻璃真空管最主要的难点就在于金属与玻璃封接技术，目前仅有德国、以色列和意大利等国家的少数厂家掌握这种工艺。随着我国经济的发展和环保节能要求的提高，在国内建立槽式光热发电站的需求越来越高，直通式金属-玻璃真空管作为槽式光热发电站的核心部件，同时也是太阳能工业用热、海水淡化和高效空调等的核心部件，研究具有自主知识产权的制作工艺有非常重要的意义。

典型的槽式太阳能中高温集热管如图 2-11 所示。

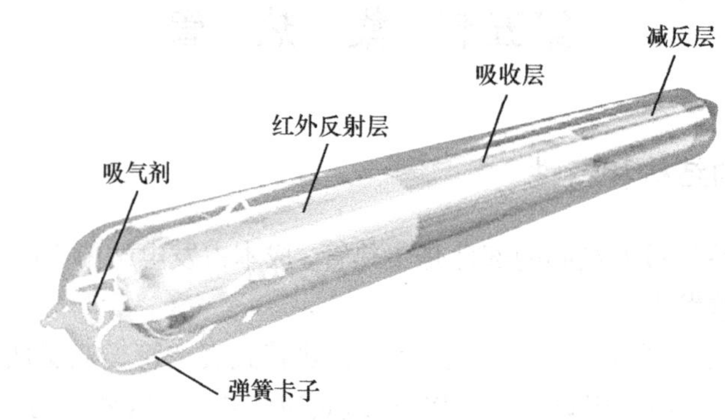

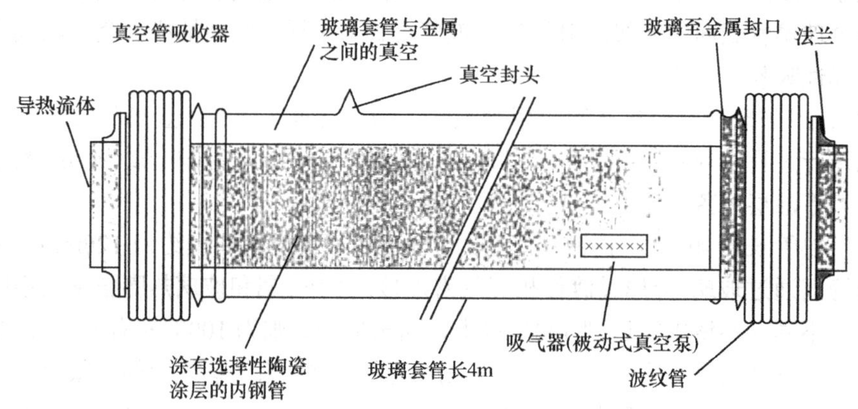

图 2-11　典型的槽式太阳能中高温集热管

二、高温真空集热管

目前应用于槽式光热发电站的集热管主要由三个厂家生产，分别是以色列索莱尔（Solel）太阳光热能源公司生产的 Solel-UVAC 系列集热管、德国肖特公司生产的 SCHOTT PTR-70™ 型集热管和意大利 Archimede 太阳能公司（ASE）生产的 ENEA-HEMS08 集热管等。这些集热管分别在美国加州、西班牙的安达索尔以及意大利翁布里亚地区的马萨-马尔塔纳等地都得到了验证。

1. Solel-UVAC 系列集热管

一开始，LUZ 公司的以色列公司为所有的 SEGS 发电站工厂制造集热管，Solel 公司后来获得了 LUZ 公司集热管生产线，Solel 公司继续发展和提高集热管选择性吸收膜和集热管的可靠性，2007 年底研制出了 Solel-UVAC2008 集热管（如图 2-12 所示），总长 4.06m，在 400℃时，其吸热涂层的吸收比 $a > 90\%$，发射率 $\varepsilon < 0.1$。玻璃管上涂覆的 AR（减反射）膜更耐久，投射比达到了 96.5%以上。采用了狭窄的波纹管与遮光罩，其吸气剂保证真空

寿命25年。目前，UVAC系列集热管也是世界上销售最好的太阳能集热管之一，已经在美国、西班牙以及以色列等国家成功安装了100万根以上。

图2-12　Solel-UVAC 2008集热管

2．SCHOTT PTR-70™型集热管

SCHOTT公司在2008年推出的SCHOTT PTR-70™型集热管，总长4.06m，玻璃管外径125mm，不锈钢管外径70mm，如图2-13所示。

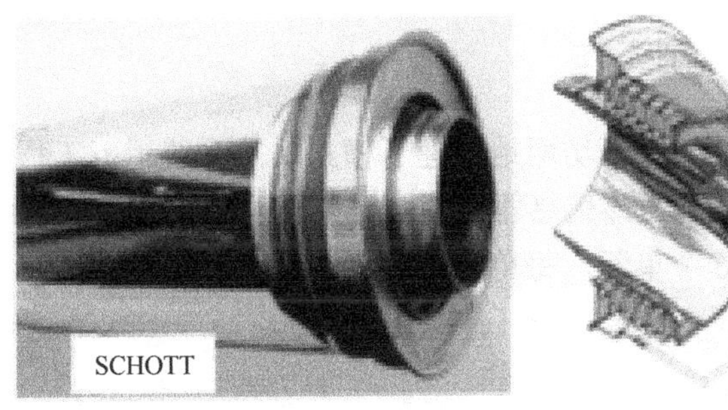

图2-13　SCHOTT PTR-70™型集热管

该集热管在PTR-70基础上进行了改进，采用了膨胀系数为5.5×10^{-6}/K的硼硅玻璃，以及研制了新的选择性吸收涂层等。

SCHOTT公司进行了如下改进：

1）优化了玻璃与金属间的封接工艺，新型的集热管中采用了新型玻璃，其热膨胀系数与封接合金的膨胀系数一致，封接强度更高。

2）研制了新的吸收涂层，在400℃时吸收比达到了95%，而发射率小于14%。

3）对集热管端部进行了新的设计，使波纹管大部分放置在玻璃套管里面，减少了波纹管的遮光面积，使接收聚光的面积占到了总面积的96%。

3．ENEA-HEMS08集热管

意大利Archimede太阳能公司从2001年开始研制太阳能高温真空集热管，推出了ENEA-HEMS08集热管，如图2-14所示。该种集热管总长4.06m，重30kg，集热温度范围为290～550℃，最高运行温度可达580℃。采用熔融盐作为换热工质，在400℃时选择性吸收涂层的吸收比大于0.95，发射率小于0.1，而在550℃时，发射率小于0.15，吸收比大于 0.95。自 2007 年起至今已进行了多次试验和运行检验，集热管也通过实际项目验收并及时进行性能改进，进一步优化其光学设计和热力性能，保证其满足最严格的市场标准所规定的耐久性指标。自 2013 年起 ASE 已经向位于意大利西西里岛的阿基米德 ISCC 发电站供应了新改进的第四代熔融盐集热管。

图 2-14　ENEA-HEMS08 集热管

三、国内集热管的研制工作

中科院电工研究所在通州和廊坊两地搭建了槽式集热系统示范工程，2004 年，槽式集热器在通州实验基地安装完成。该集热器如图 2-15 所示，采用液压驱动，单轴跟踪，东西放置，总长 12m，共分为 6 个单元，每单元面积为 $5m^2$。

图 2-15　我国研制的槽式集热器

2010 年 1 月建成 4m 长槽式真空集热管。在测试过程中发现：集热管在内部流体与环境温差为180℃左右时，散热损失是 220W/m；温差为 140℃时，散热损失是 60W/m；温差为 160℃时，散热损失是 80W/m。该实验装置曾用于中温制氢实验，获得良好效果。4m 槽式真空集热管在京首次亮相如图 2-16 所示。

图 2-16　4m 槽式真空集热管在京首次亮相

东南大学与南京三乐电子信息产业集团有限公司联合生产了一系列新型真空集热管，该集热管最高运行温度可达 400℃，长度有 2.03m 与 4.06m 两种规格，吸收比大于 92%，400℃时发射率小于 16%，设计使用寿命为 25 年。目前，该集热管已在槽式系统项目中示范推广与应用。

不同集热方式参数对比见表 2-4。

表 2-4　不同集热方式参数对比

集热类型 / 对比项	真空管式	热管式	U 形管式	平板式	奇威特槽式集热器
集热器	全玻璃真空管太阳能集热器	真空热管式太阳能集热器	全玻璃真空管内置 U 形铜管集热器	平板型太阳能集热器	太阳能槽式集热器
集热方式	被动式集热	被动式集热	被动式集热	被动式集热	主动式集热
集热效率	0.3～0.55	0.3～0.55	0.3～0.55	0.3～0.55	0.7～0.75
导热介质	水	冷媒/水	冷媒/水	冷媒/水	CHM/水
介质温度/℃	≤60	≤80	≤80	≤80	≤300
供水温度/℃	≤45	≤55	≤55	≤55	≤99
系统保证率	≤50%	≤50%	≤50%	≤50%	≤100%
可满足楼层高度	≤15 层	≤15 层	≤15 层	≤15 层	≤29 层
初装费	3200～5000 元/户	4000～6000 元/户	4000～6000 元/户	5000～8000 元/户	2900～1000 元/户
运行费用（元/t）	17.5～19	17.5～19	17.5～19	17.5～19	16～18
自动防护	无	无	无	无	自动抗雨、雪、冰雹、风、沙和过热
清洗和维护	繁琐	繁琐	繁琐	简单	半自动清洗、自动抗灾

第六节　蓄热储能系统

对于光热发电，蓄热储能系统的作用是调节负荷、降低设备容量和投资成本，进一步提高太阳能利用效率和设备利用率，提高光热发电系统的可靠性和经济性。蓄热储能系统

已成为影响光热发电效率的重要因素，是光热发电的关键部分，同时，就目前的技术发展水平来说，也是整个太阳能光热利用技术中的薄弱环节。光热发电技术在未来能源领域将发挥越来越重要的作用，无论对于何种发电系统，蓄热储能都是一项重要的技术，它对于提高系统发电效率、降低发电成本、提高系统发电稳定性和可靠性具有重要的意义。蓄热储能系统以及采用的储热工质各种各样，但是无论采用何种方式，都要从技术可行性和经济成本两方面综合考虑。

蓄热储能系统包括蓄热材料、高温传热流体和嵌入固体材料的圆管式换热管。在蓄热阶段，热流体沿着换热管流动，把高温热能传递到蓄热材料中。在放热阶段，冷流体沿着相反方向流动，把蓄热材料中的热能吸收到流体中用来发电。这种传热流体与蓄热材料之间有换热器的布置方式称为间接蓄热。

目前的大型光热发电系统中，只有很少的槽式、塔式等配置了蓄热储能装置（如图 2-17 所示），蓄热储能技术也需要继续研究和完善。按照热能存储方式不同，目前研究和已经商业化的主要蓄热储能技术与方法可分为显热蓄热、潜热蓄热和化学反应蓄热三种方式。

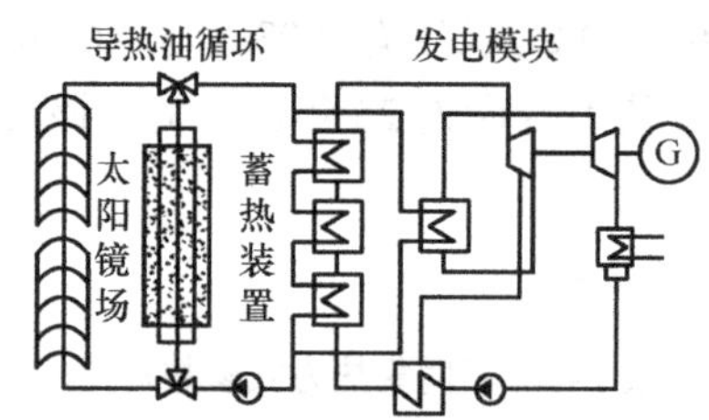

图 2-17　光热发电与蓄热储能装置示意图

一、显热蓄热

显热蓄热主要是通过某种材料温度的上升或下降而存储热能，可采用直接接触式换热，或者导热介质本身就是蓄热介质，因而蓄、放热过程相对比较简单，是三种热能存储方式中原理最简单、技术最成熟、材料来源最丰富、成本最低廉的一种，因此在早期被广泛地应用于太阳能热动力发电等高温蓄热场合。但由于显热蓄热是依靠蓄热材料的温度变化来进行热量贮存的，放热过程不能恒温，蓄热密度小，造成蓄热设备的体积庞大，蓄热效率不高，而且与周围环境存在温差会造成热量损失，热量不能长期储存，不适合长时间、大容量蓄热，限制了显热蓄热的进一步发展。

1．常用的蓄热介质

太阳能光热发电中常用的显热蓄热介质主要分为固体和液体介质，需要考虑密度、比热容、导热系数、热膨胀系数、操作温度和成本等参数。固体蓄热介质主要有混凝土、铸造陶瓷和花岗岩等，液体蓄热介质包括水/蒸汽、熔融盐、矿物油、合成油和液态金属等。

（1）固体蓄热介质　混凝土的骨料主要是氧化铁，水泥为黏结剂，其蓄热最高温度约为 400℃。混凝土在 350℃时的密度为 $2750kg/m^3$，比热容为 916J/(kg·K)，导热系数为 1.0W/(m·K)，热膨胀系数为 9.3×10^{-6}/K，材料强度中等。混凝土具有良好的蓄热性能，具

有低成本、高强度和易于操作的特性，适合推广。混凝土蓄热还有一个有优点，就是可以根据发电机组装机容量的大小进行灵活配置，在终年阳光明媚的地区，如我国塔克拉玛干沙漠、巴丹吉林沙漠及腾格里沙漠等地，非常值得广泛开发利用。不过，混凝土作为蓄热介质，对其内部换热管要求高，且制造混凝土蓄热器的技术难度较高。这是因为混凝土和金属管道的热膨胀系数不同，会导致混凝土产生裂纹，从而减少使用寿命和降低换热性能。通过在金属管道上裹上一层石墨，可以使金属管道和混凝土相互独立地热胀冷缩，同时还能进一步改善管道和水泥块之间的热传递效果。

铸造陶瓷的骨料也主要是氧化铁，黏结剂包括氧化铝等，其蓄热最高温度也大约在400℃。铸造陶瓷在 350℃时的密度为 3500kg/m^3，比热容为 866J/(kg・K)，导热系数为1.35W/(m・K)，热膨胀系数为 11.8×10^{-6}/K，材料强度较低，几乎没有裂纹。

（2）液体蓄热介质　水/蒸汽作为最常见的蓄热介质，几乎可用于所有的热发电站。水/蒸汽具有很多其他介质难以替代的优点，如导热系数高、无毒、无腐蚀、易于运输等，但由于水/蒸汽在高温时存在高压问题，通常采用增加管壁厚度的方式来解决，而增加管壁厚度使得导热效率降低，集热器、蓄热器和输送管路的成本增加。

熔融盐被认为是一种较好的蓄热材料，具有较好的蓄热传热性能，工作温度与高温高压的蒸汽轮机相匹配。熔融盐在常压下是液态，不易燃烧，没有毒性，而且成本较低，在光热发电中既可用于蓄热又可用于传热，现在应用较广的主要有二元熔融盐（60%硝酸钠+40%硝酸钾）和三元熔融盐（53%硝酸钾+40%亚硝酸钠+7%硝酸钠）。二元熔融盐为经实际案例证明的适合于光热发电系统的成熟蓄热介质，但由于其凝固点过高，约为 207℃，中温热利用领域就无法采用这种二元熔融盐。对于工作温度在 250℃左右的中温热利用系统，必须采用更低凝固点的熔融盐产品。三元熔融盐的凝固点约为 142℃，汽化点约为500℃，在 450℃以上亚硝酸钠就会产生缓慢分解现象，适用于一般中温热利用系统（工作温度在 250～350℃）。熔融盐的缺点是有高温分解和腐蚀问题，相关材料必须耐高温、耐腐蚀，使得系统成本增加，可靠性降低，同时，熔融盐的低温凝固问题使得对相关设备有保温、预热等要求，使系统的能耗增加。

导热油一般分为矿物油和合成油，作为蓄热导热介质不存在冻结问题，但温度不能高于 400℃，否则容易分解，导致发电效率比较低。使用矿物油和合成油作为蓄热介质需要特殊的压力阀等设备，同样存在很大的困难，又容易引发火灾，而且价格昂贵。

液态金属钠能应用于较高的温度，其密度大、导热系数高、整体温度分布均匀，具有良好的吸热和放热性能，但比热容小，热负荷高时温度波动大，而且在高温下与空气接触易燃易爆，十分危险。

图 2-18 为 55MW（6h 蓄能）的槽式光热发电系统采用熔融盐和导热油作为传热介质的发电成本比较，从图中可以看出，采用熔融盐后发电成本可由原来的 132 美元/MWh 降为 120 美元/MWh（导热油的发电成本为 132 美元/MWh，用熔融盐的初始投资比导热油减少 2.2%，使成本降至 129 美元/MWh，用熔融盐的性能比导热油提高 8.7%，使成本降至 119 美元/MWh，用熔融盐的运行维护量比导热油增加 4.7%，使成本增加至 120 美元/MWh），较大程度地节约了成本。

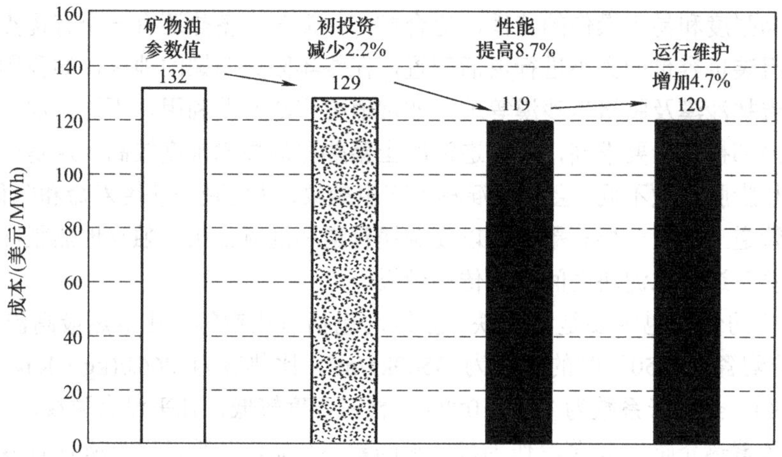

图 2-18 采用熔融盐和导热油作为传热介质的发电成本比较

2．单罐式蓄热系统

蓄热系统主要有单罐式和双罐式。1982 年，由美国能源部等在加利福尼亚州建立 Solar One 太阳能试验发电站，如图 2-19 所示，Solar One 太阳能试验发电站采用间接式蓄热，系统装置为一圆形储热罐，称之为斜温层罐，内装有 6100t 沙砾和牌号为 Caloria HT-43 的导热油。来自吸热器内的高温蒸汽加热罐内的热油，而导热油则在充满碎石和沙子的罐内循环，利用冷、热流体温度的不同从而在罐中建立起温跃层，冷流体在罐底部，热流体在罐顶部，蓄热系统能量的释放是通过合成油逆循环流过蓄热罐至蒸汽发生器来实现的。Solar One 蓄热系统具有两个特点：

1）采用碎石和沙子等价格低廉的填充材料代替昂贵的合成油，降低蓄热系统成本。

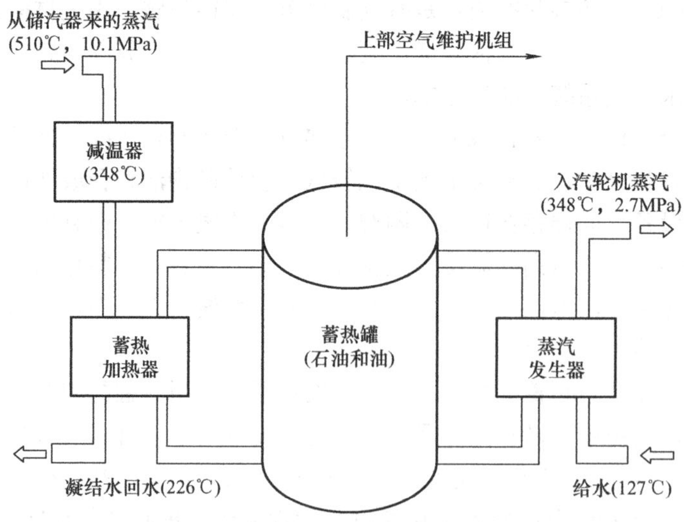

图 2-19 Solar One 发电站蓄热系统示意图

2）与双罐式蓄热系统相比，采用斜温层罐蓄热，省了一个罐的费用。斜温层罐根据冷、热流体温度不同而密度不同的原理在罐中建立温跃层，但由于流体的导热和对流作用，

真正实现温度分层有一定困难。此外，Solar One 采用导热油作为蓄热材料，蓄热温度很低，为了满足发电站运行温度越来越高的要求，必须提高蓄热系统的工作温度。

3. 双罐式蓄热系统

1996 年，在以往熔融盐实验的基础上，Solar Two 太阳能试验发电站在美国加利福尼亚的 Mojave 建成发电站运行原理如图 2-20 所示。Solar Two 采用 Solar Salt（60%NaNO+40%KNO）混合熔融盐作为传热和蓄热介质，此熔融盐在 220℃时开始熔化，在 600℃以下热性能稳定。蓄热系统由一个直径为 11.6m、高为 7.8m 的冷盐罐和一个直径为 11.6m、高为 8.4 m 的热盐罐组成，两个盐罐可存放熔融盐 150 万 t，蓄热能力为 105MWh$_t$㊀，可供汽轮机满负荷运行 3h。系统工作时，冷盐罐内的熔融盐经熔融盐泵被输送到高塔上的吸热器内，吸热升温后进入热盐罐；同时，高温熔融盐从热盐罐流经蒸汽发生器，加热冷却水产生蒸汽，驱动汽轮机运行，而熔融盐温度降低后则流回冷盐罐。双罐式与单罐式相比，原理简单，易操作，效率大大提高。

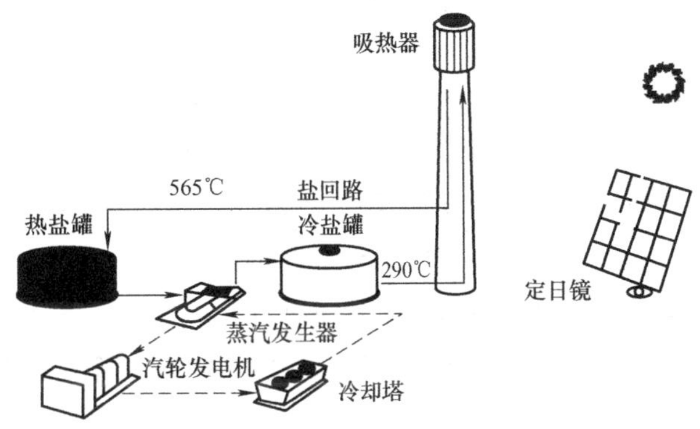

图 2-20　Solar Two 发电站运行原理

二、潜热蓄热

潜热蓄热主要是通过蓄热介质发生相变时吸收或放出热量来实现能量的储存与释放，现在应用较多的主要是利用固液相变进行蓄热的相变材料（PCM）。1990 年 Dinter 等指出，采用相变材料作为高温蓄热介质，具有较大的体积比热容和最低的成本。与显热蓄热相比，潜热蓄热具有蓄热密度大、吸放热过程温度波动范围小等优点，可显著降低蓄热系统的尺寸，但是选择合适的相变材料和换热器的设计都比较困难。

理想的相变材料应具有相变温度适宜、相变潜热高、导热系数高、比热容大、无腐蚀性和无过冷现象等特点。作为高温应用的潜热材料主要包括硝酸盐、碳酸盐和氯化物等各种无机盐类以及混合岩类、金属和合金等。相变材料主要有导热系数低、换热表面有固相沉积和有腐蚀等缺点。通过在相变材料中加入导热系数高的物质形成复合相变蓄热材料，可同时获得潜热和导热系数高的优点。

Hunold 设计了一种直立式的管壳式换热器，并采用 $NaNO_3$（熔点 305℃）作为蓄热介

㊀ MWh（兆瓦时）为蓄热能力单位，后加“t”表示热力[以与电力（“e”）相区分]。

质，证实了潜热蓄热在技术上是可行的，不过他的实验研究只限于一种换热器和蓄热介质。Michels 的实验研究中，则设计了三种不同的换热器，并将其串联，采用 KNO_3、KNO_3/KCl 和 $NaNO_3$ 作为相变蓄热介质，证实了采用串联结构可以获得高的热利用系数。

高温相变储热器是空间太阳能动力发电系统中的关键部件之一。这种相变储热器大多由换热管束平行分布在吸热墙内壁组成。换热管的两端通过入口、出口环形导管接在一起，再连接到入口、出口总管。换热管由蓄热单元套装在介质导管外构成。蓄热单元为一个个分离的环形容器，内部充装蓄热介质。由于在微重力条件下相变材料凝固收缩，形成相变容器内的空穴分布，从而造成容器壁面出现局部的过高压力和局部的过高温度，并由于较大的温度梯度而出现较大的热应力。因此必须采取措施减少空穴，并采用耐高温耐腐蚀的材料。

三、化学反应热蓄热

化学反应热蓄热主要是通过化学反应的反应热来进行蓄热，这种蓄热方式具有储能密度高、可以长期储存等优点。1988 年，美国太阳能研究中心（SERI）指出，化学反应热蓄热是一种非常有潜力的高温蓄热方式，而且成本有可能降到相对较低的水平。在美国能源部的支持下，美国太平洋西北国家实验室 （Pacific Northwest National Laboratory，PNNL）开始了这方面的研究，利用氢氧化钙分解成氧化钙和水的逆反应来存储太阳能：

$$Ca(OH_2) \rightleftharpoons CaO+H_2O$$

在蓄热过程中，热能驱动吸热反应，氢氧化钙分解产生氧化钙和水；在放热过程中，用水蒸气加热氧化钙，两者生成氢氧化钙并释放热能。Brown 等人在报告中指出，化学反应热蓄热方式在理论上可以满足光热发电的要求。不过，他们的研究只是基于理论分析和基础实验研究，对于能否满足光热发电蓄热系统的动力要求，以及如何与发电系统相结合的问题尚未解决。

澳大利亚国立大学也对这方面进行了研究，他们采用氨的分解与合成蓄热，在系统太阳能反应器中，液氨分解成氢气和氮气，然后通过在反应器中合成液氨放出热量。这种小规模的实验装置已经用于抛物面碟式集热系统中，当然理论上也可以用在同种温度范围的抛物面槽式集热系统中。

四、结论

综上所述，蓄热储能是一种重要的技术，它对于提高系统发电效率、提高系统发电稳定性和可靠性具有重要意义。其中，熔融盐传热蓄热是最有前途的一种蓄热储能技术，已在 Solar Two 和意大利 ENEA 工程中得到成功应用。而潜热蓄热和化学反应热蓄热虽然具有很多优点，但目前只是处于实验室研究阶段，因此，在大规模的应用之前，还有许多问题需要解决。

我国只对空间太阳能热动力发电系统中的高温相变储热器有过试验研究，熔融盐传热蓄热还未进行深入研究，缺乏经验。我国八达岭太阳能热发电站的熔融盐实验室如图 2-21 所示。

图 2-21　我国八达岭太阳能热发电站的熔融盐实验室

第七节　相关技术参数列举

槽式聚光镜产品技术参数见表 2-5，皇明太阳能槽式热发电集热器的主要技术参数见表 2-6。

表 2-5　槽式聚光镜产品技术参数（RP3/RP4）

镜子反射率	≥93.5%	玻璃 4m，空气质量（AM）1.5，光波 300～2500μm	
焦斑宽度偏差平均值（FDX）	＜8.7mm	标准为 RP3＜10mm、RP4＜12mm	
玻璃原片	厚度 4mm±0.2mm	超白浮法玻璃	
金属层厚度	银层≥1200mg/m²；铜层≥400mg/m²		
保护层	三层涂漆，每层厚度≥35μm±5μm		
镜子抗老化性能	符合 ASTM G15 检测		
镜子反射率寿命	产品 20 年内反射率下降≤2%		镜面划伤会影响反射率

表 2-6　皇明太阳能槽式热发电集热器的主要技术参数

指　标	参　数
焦　距	1.71m
吸 热 管	直径 70mm
开口宽度	5.76m
集热器模块长度	12m
反射镜误差	平均<3mrad
吸热管位置误差	<5mm
最外侧反射镜安装横向误差	<5mm
跟踪精度	<2mrad
抗风性能	停止保护状态下风速≤32m/s，集热器不损坏 阵风风速≤20m/s，集热器不损坏 工作风速≤13.8m/s，风速≤7m/s 下跟踪精度±0.1° 保护风速≥13.8m/s
抗冰雹	直径 20mm 冰雹在 20m/s 速度冲击下反射镜无损坏
峰值光学效率	≥78%
热效率	390℃时的热效率达 57.5%
寿命	不低于 20 年

本 章 小 结

槽式光热发电是利用抛物线的光学原理，将多个槽式抛物面聚光集热器进行串并联排列，聚集太阳辐射能，加热工质，产生高温蒸汽，驱动汽轮机发电机组发电的一种太阳能光热发电技术，是目前技术最成熟、投入商业化运行最早的太阳能光热发电技术。槽式光热发电系统主要由聚光集热系统、蓄热储能系统、发电系统和辅助能源系统组成。弯钢化玻璃反射镜比热弯玻璃反射镜和热弯夹层玻璃反射镜在性能、维护成本等方面具有绝对的优势。扭矩盒式、扭矩管式和拉伸冲压成形式反射镜支架在成本、加工工艺、运输盒安装调试等方面各有优劣。跟踪控制系统采用闭环控制比开环控制好、实时修正比定时修正好，液压缸驱动和电动机驱动的跟踪控制系统也各具优劣。槽式光热发电系统的最为核心部件是集热管，直通式金属-玻璃真空集热管应用得最多，其关键技术和难点在于金属与玻璃封接技术和选择性涂层材料。蓄热储能系统对于提高系统发电效率、提高系统发电稳定性和可靠性具有重要意义，其中熔融盐传热蓄热最有前途。

问题与思考

1. 简述槽式光热发电系统的概念及组成。
2. 简述三种反射镜产品的对比。
3. 常见的槽式光热发电反射镜支架有哪几种？跟踪控制系统有哪两种驱动模式？
4. 简述直通式金属-玻璃真空集热管的结构。
5. 光热发电系统的蓄热储能系统的作用和组成是什么？目前研究和已经商业化的主要蓄热储能技术与方法有哪几种？

第三章 集热塔式光热发电技术

第一节 概　　述

一、什么是集热塔式光热发电

集热塔式光热发电简称塔式光热发电，是以面聚焦方式，在地面建立集热塔，塔顶安装集热器，集热塔周围安装定日镜，数千面定日镜将太阳光聚集到塔顶集热器腔体内，通过加热工质产生高温蒸汽，推动汽轮机组发电的一种光热发电技术。塔式光热发电系统的工质可以用水、导热油或熔融盐。

塔式光热发电的原理如图 3-1 所示。实时跟踪太阳的定日镜群将阳光聚集到一个固定在接收塔顶部的接收器上，接收器上的集热器吸收由定日镜群反射来的高热流密度辐射能，并将其转化为工作介质（流体）的高温热能。高温工作介质（工质）通过管道将高温热能传递到位于地面的蒸汽发生器，产生高压过热蒸汽，推动常规汽轮机组发电，或者将产生的高温热气流直接推动燃气轮发电机发电。

塔式光热发电系统的一个优点是聚光倍数高，容易达到较高的工作温度。塔式系统聚光比的范围一般为 200～1000，阵列中的定日镜数目越多，其聚光比越大。当塔式系统聚光比为 1000 时，集热器受光面中心温度可达 1300℃以上，其年度发电效率可以达到 17%～20%。当采用多个塔式模块集成后，也可使塔式系统发电的单机容量增大。

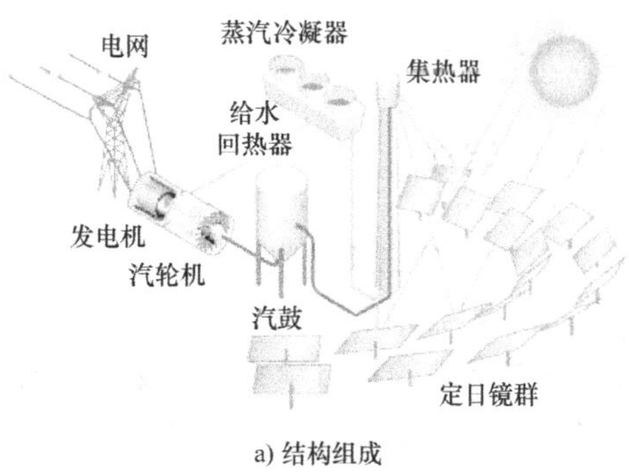

a) 结构组成

图 3-1　塔式光热发电的原理

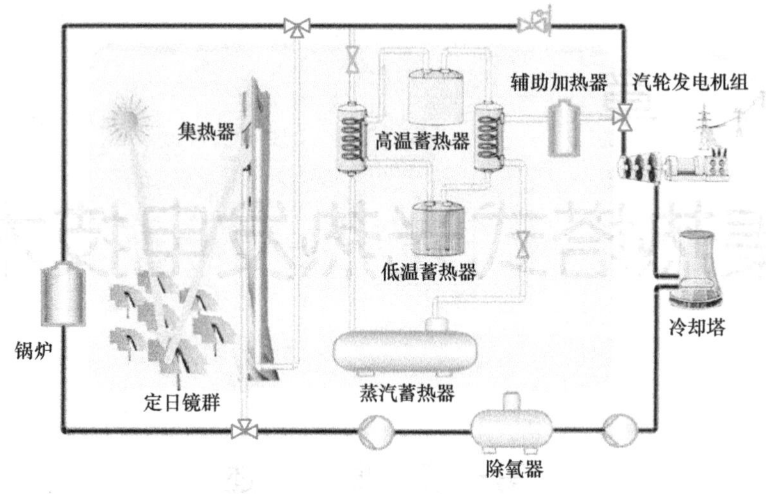

b) 工作原理

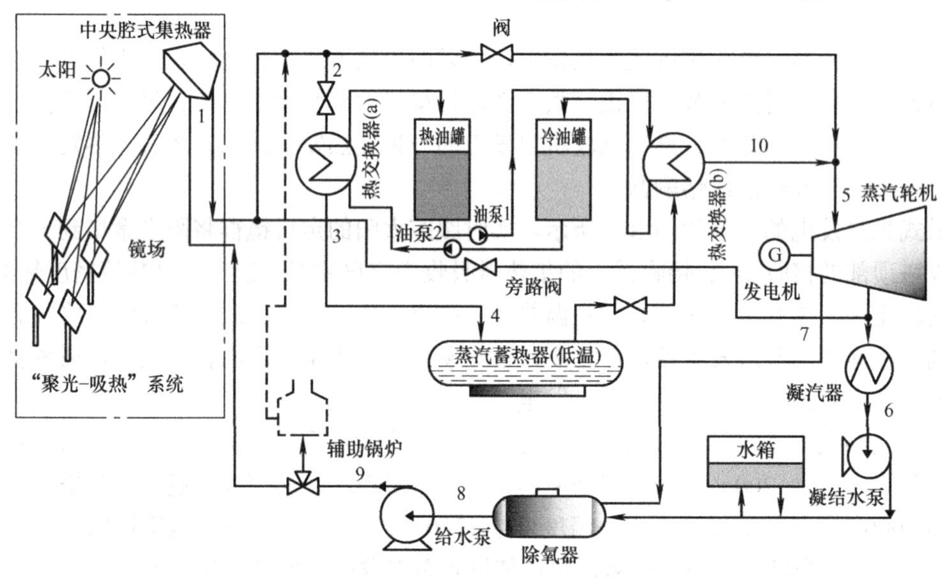

c) 八达岭太阳能热发电站工作原理

图 3-1　塔式光热发电的原理（续）

二、塔式光热发电系统的组成

如图 3-2 所示，塔式光热发电系统主要由定日镜系统、集热与热能传递系统（热交换系统）、蓄热储能系统、发电系统及辅助能源系统等组成。

1）定日镜系统：塔式光热发电站的定日镜系统由数以千计带有双轴太阳跟踪系统的反射镜阵列（称为定日镜）构成，定日镜系统实现对太阳的实时跟踪，将太阳光反射到集热器。

2）集热与热能传递系统（热交换系统）：位于高塔上的集热器吸收由定日镜系统反射来的高热流密度辐射能，并将其转化为工质的高温热能。高温工质通过管道将高温热能传递到位于地面的蒸汽发生器，产生高压过热蒸汽，推动传统汽轮机组发电。

3）蓄热储能系统见第二章第六节“蓄热储能系统”的相关阐述。

4）发电系统、辅助能源系统系统见第二章第一节中“槽式光热发电系统的组成”的相关阐述。

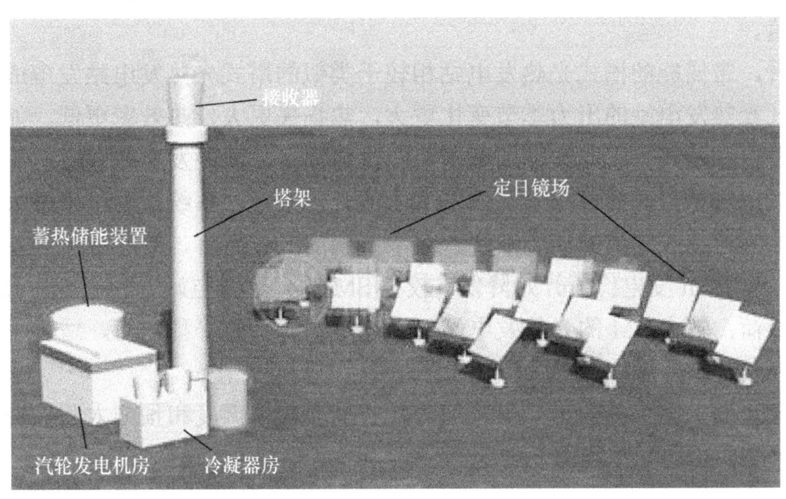

a)

b)

图 3-2　塔式光热发电系统的组成

三、槽式和塔式光热发电技术的比较

光热发电站的设计主要考虑太阳能集热容量与发电机额定容量的比值（SM）和储能时间长度。增加储能容量可以降低单位度电成本，主要原因是增加储热可减少集热能源的损失。

优化光热发电的设计不仅要考虑经济性，还需考虑光热发电站提供给电力系统的能源和容量的价值。

综合来看，带储能的槽式光热发电站相较于类似的塔式光热发电站发电成本更高，主要原因是槽式光热发电站的出力季节变化更大，热损失更大，热效率更低。如果根据干冷塔式太阳能发电和槽式太阳能发电的度电系统价值衡量，两种发电方式价值相当。

在电厂额定容量较高的情况下，较低 SM 的光热发电站系统边际价值最大，主要得益于储能系统能够避免收集到的能源浪费。对于不同的 SM 而言，储能时长为 6～9h 度电价值变化较小；长于 9h 度电价值开始降低。较小 SM 的光热发电站更利于应对高的负荷，适合承担尖峰负荷；较大 SM 的光热发电站可以在更长时间内平稳出力，适合承担基荷。较小 SM 的光热发电站容量价值更大。

容量是光热发电站价值的重要组成部分。若能合理地调度和预测太阳能资源，则光热发电站也可产生类似传统火电站的容量价值。

第二节　定日镜系统

一、定日镜

定日镜是塔式光热发电系统中最基本的光学单元体，它由反射镜、镜架和跟踪机构三部分组成。反射镜装在镜架上，由跟踪机构驱动镜面瞬时自动跟踪太阳。塔式光热发电系统中聚光技术采用面聚焦技术，通过建立高塔架设集热器可以铺设数千上万面反射镜，其镜面采用平面或微曲面，利用刚性金属结构支持并跟踪太阳光线，通过跟踪机构进行方位角度调整。塔式光热发电系统的反射镜、镜架和跟踪机构如图 3-3 所示。

塔式光热发电站的结构多种多样，单块定日镜的面积有 1.2～120m^2 不等，塔高也有 50～165m 不等。

定日镜是一个二维运动机构，分别对应太阳的方位角和高度角，反射镜用于反射太阳光至设定的目标点。塔式光热发电站的效率直接取决于定日镜的效率。

由于定日镜场的规模宏大，使得塔式光热发电系统与槽式光热发电系统相比，集热温度更高，易生产高参数蒸汽，因此，其热动装置的效率相应提高。

1. 反射镜

现有两种镜面：

第一种是金属张力膜，通过调节反射镜内部压力来调整金属张力膜的曲度。

优点：其镜面由一整面连续的金属膜构成，可以仅仅通过调节反射镜的内部压力调整反射镜的焦点。

缺点：反射率较低、结构复杂。

第二种是玻璃反射镜，采用的大多是玻璃背面反射镜。

优点：重量轻，抗变形能力强，反射率高，易清洁等。

a)

b)

图 3-3　塔式光热发电系统的反射镜、镜架和跟踪机构

2．镜架

定日镜需承受大风环境，因此需对定日镜镜架和底座做防风抗沙校核。

通常情况下，圆形底座式支架稳定性好，抗风性能好，运行能耗低，机械强度也好，可以较好地起到防风、稳定镜面的作用，但其结构复杂，而且其底座轨道防沙问题需要进一步解决。

独臂支架式定日镜具有体积小、结构简单、较易密封等优点。但其稳定性、抗风性却较差，为了达到足够的机械强度，防止被大风吹倒，必须消耗大量的钢材和水泥材料为其建造镜架和基座，代价高昂。

3．跟踪机构及其控制

定日镜需对太阳进行跟踪，方可获得较大的聚光比。

（1）跟踪方式　现有的太阳追踪方式主要有方位角-仰角方式和自旋-仰角方式。

方位角-仰角方式是指定日镜运行时转动基座（圆形底座式）或转动基座上部转动机构（独臂支架式）来调整定日镜方位，同时调整镜面仰角的方式。

自旋-仰角方式是指镜面自旋，同时调整镜面仰角的方式。

自旋-仰角跟踪系统由我国陈应天教授发现，可以达到更高的聚光效率。

（2）控制方式　在跟踪控制中可采用以下三种方式：传感器控制、程序（或时钟）控制、程序传感器混合控制。这三种方式都有其难以克服的缺点。

传感器控制能够实时测量太阳光的方向，但跟踪精度差，响应慢，适应性差，在多云、阴雨天气中找不到太阳的正确位置，需要人工干预。

程序控制按照太阳运行规律计算聚光镜的位置，开始时可以实现高精度定位，但由于机构加工精度等原因存在积累误差，之后误差会累积，需要定期校正，只能利用成本高的位置传感器来调整。

程序传感器混合控制需要两台高精度的角度传感器，计算过程复杂，控制过程不完善。国外目前都用开环控制，利用位置传感器实现高精度聚焦，国内则利用开环系统启动，启动后用闭环系统消除误差。

二、定日镜场

如图 3-4 所示，塔式光热发电站的镜场由数千面定日镜组成，每面定日镜通过独立的跟踪机构集体将太阳光聚焦于集热器上，获得较高的聚光比，得以加热工质得到高参数的蒸汽，驱动汽轮机组发电。

布置定日镜场主要考虑的问题有：

（1）布置方式　定日镜场多采用辐射网络状排列，避免定日镜之间的光学阻挡损失。

（2）定日镜间距　需保证每个定日镜有足够的跟踪空间，避免机械相撞，同时还需考虑定日镜安装、维修所需的操作空间。

（3）定日镜场与集热器间的配合　依照集热器开口大小、倾斜角度确定定日镜场范围。

图 3-4　塔式光热发电站的镜场

第三节　热交换系统

塔式光热发电的热交换系统主要由一座或数座中央集热塔（中央接收器）和传热管路等组成，主要有熔融盐系统、空气系统和水/蒸汽系统。相应地，集热器的集热工质主要有熔融盐、空气和水蒸气三种形式。

一、集热工质

1．熔融盐

熔融盐解决了高温热量储存的难题，但在没有太阳能输入的情况下，集热器管路中的熔融盐在温度降低后（200～300℃）会凝固，系统需要有较好的保温措施，并增设防止熔融盐凝固的设备。

在系统停机时，要用高压氮气将集热器中的残留熔融盐吹出，以避免熔融盐凝固。

高温熔融盐对熔融盐泵的腐蚀性也增添了系统安全运行的隐患。

熔融盐作为集热工质，目前在存储、运输等技术方面仍不成熟，处于研究探索阶段，在国际上还处于示范阶段。

2．空气

空气的比热容较小，相对而言，大流量高温空气输送到高空的难度较大。同时，因空气的输送压力较高且体积流量较大，系统自用电的比例增大，降低了电厂的净发电效率。

3．水蒸气

以水蒸气为集热工质的换热设备的设计和制造技术与常规的锅炉没有本质的差别，设计技术比较成熟，系统运行安全，风险性小。

相较而言，在以上三种集热工质中，水蒸气具有明显的优势，这也是已经商业运行的PS10 发电站采用塔式水/蒸汽系统的原因。

以水蒸气为集热工质的换热设备的设计和制造技术与常规的锅炉没有本质的差别，当然，由于加热方式的不同，结构上的差别会比较大。关键是要处理好光热吸收面如何具有更高的转换效率和防止局部过热的问题。

二、中央接收器

在塔式光热发电系统中，中央接收器（又称集热器或太阳能锅炉）位于中央高塔顶部，是实现塔式光热发电最为关键的技术。其作用是将定日镜场聚集来的太阳能直接转换为可以利用的高温热能，并加热工质为发电机组提供热源或动力源，实现太阳能发电的过程。

作为塔式光热发电最为关键的核心技术，许多国家投入了大量的人力物力，展开了对该项技术的研究。集热器作为集热与传热的主设备，按结构形式，分为管式集热器和容积式集热器。

（一）管式集热器

传热介质（工质）在金属或陶瓷管内流动，管外壁涂以耐高温选择性吸收涂层，聚焦入射的太阳能以辐射方式使管外壁面温度升高，再通过管壁以导热和对流的方式将热量传递给管内工质。通常将管束布置在一块平板上，然后将一块块平板安装在圆筒外表面（外露式吸热器）或腔体内表面（腔体式吸热器）。

目前，国际上塔式光热发电管式集热器有实际应用的只有两类管式集热器：以美国技术为代表的间接照射式，和以西班牙 CESA-Ⅰ太阳能集热器为代表、目前世界上绝大多数塔式光热发电站采用的直接照射式两种。间接照射式也称外露式集热器，直接照射式集热器也称腔体式集热器。

1．外露式集热器

外露式集热器如图 3-5 所示。其主要特点是集热器向载热工质的传热过程是间接的，

聚焦入射的太阳能首先加热金属表面，待金属表面升温后再通过壁面将热量传给另一侧的工质。比较典型的外露式集热器有直列管式和多级并列环管式。

外露式集热器的结构为圆柱形或方形立柱形，外层涂有吸收性涂层，涂层能承受足够的温度及应力。集热器外围布置有集热管腔，工质（流体）在管腔内流动吸收太阳能。这种管腔类似于直流锅炉，其流体流动是单向的，通过加热从液相经两相流态后直接成为气相。

这种集热器效率较高，它具有一系列优点：不用汽包；压力参数范围宽；制造方便、节省钢材；起、停快速等。

但是，它对水处理和自动控制的要求高，并且在蒸汽参数和容量不大时其优点并不显著。

a) P&W 设计的新月沙丘发电站的外露式集热器

b) B&W 供应 eSolar 发电站的外露式集热器

c) Riley Power 设计的 Ivanpah 发电站外露式集热器

（目前应用的最大的外露式集热器，最大的水工质集热器，

三个集热器安装在 Ivanpah 发电站的三个集热塔上）

图 3-5　外露式集热器

2．腔体式集热器

腔体式集热器如图 3-6 和图 3-7 所示。其特点是入射光线直接加热工质，或者集热器的集热面与工质受热面在同一表面。它通过将光聚焦于集热腔体内，利用腔体内布置的集热管壁吸收太阳辐射热能。

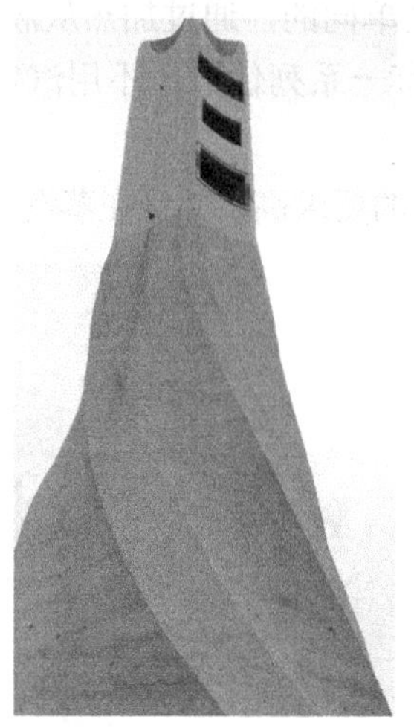

图 3-6　腔体式集热器（一）

a) Victory Energy 设计的腔体式集热器

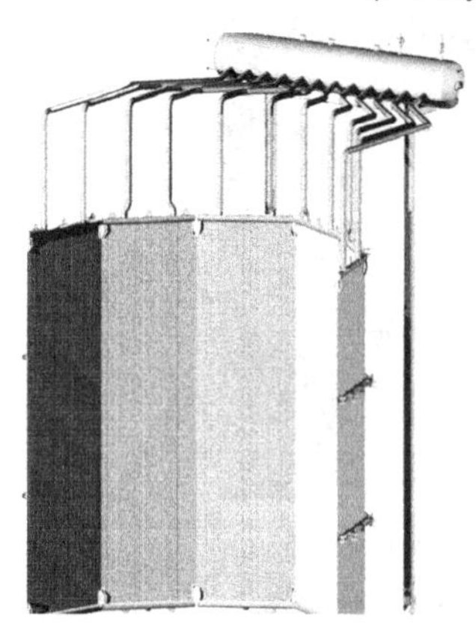

b) 西班牙 PS20 发电站的腔体式集热器

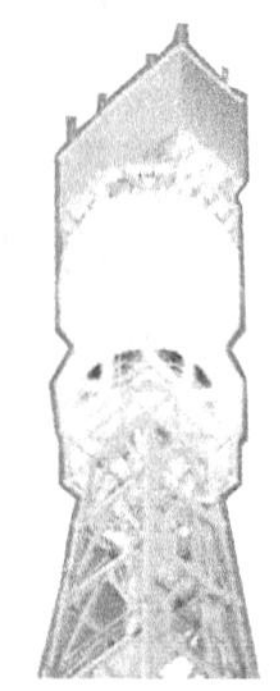

c) 中控德令哈发电站的腔体式集热器

图 3-7　腔体式集热器（二）

腔体式集热器类似于一个空腔壳体表面开一个小孔，具有类似于黑体的特性，所以对光的反射率很低，可以有效地吸收入射的太阳能。

腔体式集热器具有集热表面积大以及热损失小的特点，通过模拟黑洞的环境，较大地减小太阳光反射热损失，近似可忽略不计，从而比外露式集热器具有更高的热效率以及更少的辐射、反射和对流热损失。

目前世界上绝大多数的塔式光热发电站的集热器系统均采用腔体式集热器。其中以西班牙的 CESA-Ⅰ太阳能集热器最为典型。

与外露式集热器不同，腔体式集热器内部的集热工质是循环流动的，类似于一般锅炉，存在汽包设备。其内部布置的集热管分为沸腾管和过热管，沸腾管用于加热液态工质使之相变，之后流体进入汽包，经过气液分离设备，液相工质循环回流进入沸腾管，气相工质进入过热管使饱和蒸汽成为过热蒸汽。

因为汽包的存在，腔体式集热器控制比直流锅炉简单，系统安全性与稳定性较高，而且便于控制出口集热工质参数。

为提高腔体式集热器的效率，需着力降低损失，提高集热效率。西安交通大学魏进家教授等人的模拟研究表明，其光热转化主要损失为对流热损失和辐射热损失。在起动过程中，对流热损失是辐射热损失的 2.5 倍，起动后期，进入平稳运行阶段，对流热损失为辐射热损失的 2 倍。由于辐射热损失由温度决定，在操作工况下，其辐射热损失是恒定的，提高集热工质流通量，则辐射热损失所占热量比例将减小。目前需尽量减小对流热损失，这部分热损失所占热量比例较大，而且架设在高塔上，集热器周围的风速不小，更加大了对流热损失量。集热器的对流热损失大小与集热器腔体形式、开口尺寸及其腔体开口方向密切相关。因此，需对集热器设计进行优化以达到最高的热效率。

腔体式集热器的腔体形状有很多种，如平面形、抛物面形、圆柱形和球形等。有关试验结果表明：平面形的集热器性能最差；球形集热器是最为理想的一种，但是很难加工，成本高；抛物面形集热器比圆柱形集热器的性能好一些，但是比圆柱形集热器难加工。

（二）容积式集热器

一般以密织网状或蜂窝状的多孔材料为集热体，多孔集热器吸收反射聚焦的太阳能，空气流过集热器，与多孔集热体发生对流换热后被加热至高温。

容积式集热器需具有良好的多孔性，可使太阳辐射被多孔集热体充分吸收，产生所谓的容积效应。大量测试证明，容积式集热器可产生 1000℃以上的高温空气，平均热流密度达 $400kW/m^2$，峰值热流密度达 $1000kW/m^2$。容积式集热器的工质只能为空气，集热体材料主要有金属密网和多孔陶瓷。

（1）容积式集热器的优点

1）结构简单。

2）集热和传热过程发生在同一表面，可减少热损失。

3）集热器内表面接近黑体，可有效吸收入射的太阳能，避免了选择性吸收涂层的问题。

4）有保温层，减少了与环境间的对流热损失。

5）高温空气既可与水/蒸汽换热驱动汽轮机，也可直接驱动燃气轮机，又可用于燃气轮机空气预热。

6）工质一般为常压或高压空气，可直接从大气中获得，成本低，无污染，无腐蚀性，不可燃，无相变。

（2）容积式集热器的缺点

1）与腔体式集热器类似，容积式集热器为开口腔体结构，太阳光只能从采光口射入，接收角度一般限制在120°以内，定日镜场的布置受到一定限制，只能单侧布局。

2）存在流动不均匀及局部过热与失效问题，辐射热流的承受能力较低，限制了传热介质（HTF）的出口温度。

3）空气的比热容低，集热器效率较低，且系统结构大，技术风险大。

由于始终存在流动不均匀及局部过热与失效问题，且技术风险大，容积式集热器的研究始终未能取得实质性进展，相关应用也受到很大局限。

（3）容积式集热器的分类　根据进口空气压力，容积式集热器通常分为容积式无压集热器（工质为大气中的空气，开路循环）和容积式增压集热器（工质为增压的空气，闭路循环）。容积式无压集热器主要用于全太阳能发电系统，而容积式增压集热器则常与化石燃料相结合，构成混合系统。

1）容积式无压集热器（容积式开路空气集热器）：

① 集热体材料为金属密网：早期容积式无压集热器选用金属密网做集热体。典型代表是1993年西班牙PSA研制的TSA集热器。TSA集热器输出功率为2.7MW，出口空气温度为700℃，入射热流密度约为500kW/m^2。此类集热器由于使用金属做吸热体，出口空气温度不超过800℃，入射热流密度最高不超过800kW/m^2，在实际应用中受到一定限制。

② 吸热体材料为多孔陶瓷：2000年PSA启动SOLAIR计划，研制以SiC陶瓷为集热体的容积式无压集热器。SOLAIR-3000容积式无压集热器输出功率为3MW，出口空气温度为720℃，入射热流密度为370～520kW/m^2，吸热器效率为70%～75%。

2）容积式增压集热器（容积式闭路空气集热器）：

增压式与无压式结构大体相似，区别在于加装了一个透明石英玻璃窗口，既可以使聚焦的太阳光入射到集热器内部，又可以使集热器内部保持一定压力。容积式增压集热器通常采用多孔陶瓷做集热体。

容积式增压集热器内部空气流动为湍流，强化了对流换热效果，减少了局部热应力，最高出口空气温度可达1300℃。但是高温容积式增压吸热器的结构通常都非常复杂。

1999年PSA启动REFOS计划，研制容积式增压集热器。设计压力为15bar（注：1bar=10^{5}Pa），出口空气温度为800℃，单模块集热功率约为350kW，模块效率达80%。

以色列Weizmann研究所研制的DIAPR（Directly Irradiated Annular Pressurized

Receiver），出口空气温度最高达 1300℃，工作压力达 15～30bar（注：1bar=10^5Pa），所能承受的太阳辐射热流密度达 4～8MW/m²，热效率最高达 80%。

目前试验及模拟研究表明，最可靠的集热体材料是泡沫陶瓷和陶瓷纤维，因为其具有较大的换热面积和较好的阻力特性。

第四节　塔式光热发电的发展

一、全球发展历程

1950 年，苏联设计了世界上第一座塔式光热发电站的试验电站，对光热发电技术进行了广泛的、基础性的探索和研究。

20 世纪 70 年代初，美国休斯顿大学 Alvin Hildebr andt 和 Lorin Vant-Hull 首次提出塔式光热发电原理。20 世纪 80 年代由美国能源部的 Sunlab 与 Boeing 公司、Nexant 公司合作建成了 10MW$_e$ 塔式发电站 Solar Ⅰ 和 Solar Ⅱ。

Solar Ⅰ 塔式光热发电试验发电站建于 1982 年，额定输出功率为 10MW$_e$㊀，经过两年的试验和评估后进入了发电阶段。定日镜的可利用度极佳，第一年年平均全反射率为 95%，第二年为 96.3%，第三年达到 98.9%。Solar Ⅰ 的成功对光热发电具有里程碑式的意义。

Solar Ⅱ 在 Solar Ⅰ 的基础上加以改进，采用了熔融盐为传热工质，于 1996 年开始并网发电。Solar Ⅱ 验证了熔融盐技术的应用可以降低建站技术和经济风险，而且可以极大地推进塔式光热发电站的商业化进程。

此后，西班牙、德国、瑞士、法国、意大利和日本等也已经开展这项技术的研究工作。法国、德国和意大利等 9 个国家联合，于 1981 年在意大利西西里岛建造了额定功率为 1MW$_e$ 的世界首座并网运行的塔式光热发电站。

建在西班牙 Seville 的 PS10 发电厂于 2007 年 3 月发电，电功率为 11MW$_e$，是世界上首座投入商业运营的塔式光热发电站。

二、国内发展状况

2014 年 8 月 30 日，我国规模最大的塔式熔融盐光热发电项目在敦煌市光电产业园区开工建设，该项目由敦煌首航节能新能源有限公司投资建设，装机容量为 10MW，投资 4.2 亿元。坐落于场地近中心位置的集热塔高 138.3m，53375 片镜子组成的 1525 面定日镜围绕集热塔呈环形布置。该项目共使用 5800t 熔融盐作为吸热、储热和换热的介质，可在没有光照的条件下 15h 满负荷运行，从而使发电站实现 24h 连续发电。2016 年 12 月 26 日 23 时，该项目一次并网发电成功。

图 3-8 描述了中科院电工研究所八达岭塔式光热发电站示范基地的建设历程。

㊀ MW（兆瓦）为功率单位，后加“e”表示电功率[以与热功率（“t”）相区分]。

八达岭塔式太阳能热发电站建设里程碑

2007年1月29日，收到科技部下达国家高技术研究发展计划(863计划)《太阳能热发电技术及系统示范重点项目的批复》，项目(2006AA050100)正式启动；
2009年3月20日，胡锦涛总书记参观八达岭热发电站模型，指示“这个(技术)挺好，前期造价高点不要紧，关键是技术要掌握”；
2009年4月20日，北京市发改委下达《关于八达岭太阳能热发电实验电站工程核准的批复》京发改〔2009〕743号；
2009年7月31日，1万m^2太阳能定日镜场破土动工；
2011年3月20日，太阳能吸热器开始安装；
2012年5月30日，发电设备及辅机安装完成；
2012年6月10日，电站汽轮发电机冲转成功；
2012年7月01日，电站汽轮发电机平稳通过临界转速；
2012年7月17日，电站汽轮发电机达到额定转速；
2012年7月22日，电站汽轮发电机加励磁实验成功；
2012年8月04日，电站汽轮发电机带负载试验成功；
2012年8月09日，13：18，太阳能发电系统贯通，电站成功发电，出线电压10.5kV，周波50Hz；

2011年2月，获“十一五”国家科技计划执行优秀团队奖；
2012年7月，863课题完成验收；
2013年5月，获科技部“重点领域创新团队”奖。

立项支持单位：国家科学技术部，中国科学院，北京科学技术委员会
园区建设支持单位：北京市发改委，北京市延庆县人民政府

中国科学院电工研究所
IEECAS

图 3-8　八达岭塔式光热发电站示范基地的建设历程

三、发展展望

目前各国政府对光热发电站发展的态度以及对技术路线选择的倾向性基本一致，即同时支持技术成熟稳定的槽式系统和效率更高的塔式系统。相对于槽式系统的“线聚光”，采用“点聚光”的塔式系统能够获得更高的能量转换效率，其技术也已获得认可，采用这项技术的多座商用发电站（或大型试验发电站）已经建成。

塔式光热发电系统的总投资成本由各部分投资成本之和组成，包括定日镜的成本、接收器的成本、接收塔的成本、场地的成本以及蓄热系统的成本等。其中定日镜由于数量多，占地面积大，其投资成本在整个塔式光热发电系统总成本中占有较大的比例。定日镜的成本与定日镜的材料、数量、尺寸有关。接收塔的成本主要取决于塔的高度，一般情况下，100m 以下的塔通常采用钢结构，100m 以上的塔采用混凝土结构。场地的成本总体来说占总成本中较小的比例。整个塔式光热发电系统的总成本为：

$$C_t=C_{heliostat}+C_{land}+C_{tower}+C_{other}$$

其中 $C_{heliostat}=C_sSN$，C_s 为定日镜单位面积的成本；S 为单个定日镜的面积；N 为定日镜的数量。

塔式光热发电系统将是近期在世界范围内推进光热发电系统商业化应用的突破口和重点。其中聚光装置作为光热发电系统投资最大的核心设备，提高其稳定性和跟踪精度及降低其成本，是今后塔式光热发电技术研究的重要课题之一，对实行光热发电商业化运行具有重大意义。相信在不久的将来，随着太阳能发电技术的不断成熟与发展，它必然作为提供未来大规模电力的主力之一展现在人们的面前。

本章小结

集热塔式光热发电是最早开发的太阳能光热发电技术，它是以面聚焦方式，在地面建立集热塔，塔顶安装集热器，集热塔周围安装定日镜，数千面定日镜将太阳光聚集到塔顶集热器腔体内，通过加热工质产生高温蒸汽，推动汽轮机组发电的一种太阳能光热发电技术。集热塔式光热发电系统的聚光倍数高，容易达到较高的工作温度，其工质可以用水、导热油或熔融盐。集热塔式光热发电系统主要由定日镜系统、集热与热能传递系统（热交换系统）、蓄热储能系统、发电系统及辅助能源系统等组成。定日镜是塔式光热发电系统中最基本的光学单元体，它由反射镜、镜架和跟踪机构三部分组成。反射镜装在镜架上，跟踪机构驱动镜面瞬时自动跟踪太阳。中央接收器是实现塔式光热发电最为关键的技术，目前应用较多的是以西班牙 CESA-Ⅰ太阳能集热器为代表、目前世界上绝大多数塔式光热发电站采用的直接照射式（腔体式集热器）和以美国技术为代表的间接照射式（外露式集热器）两种。塔式光热发电系统是世界范围内推进光热发电系统商业化应用的突破口和重点。其中聚光装置作为光热发电系统投资最大的核心设备，是技术研究的重要课题之一。

问题与思考

1．简述集热塔式光热发电系统的概念、特点及组成。
2．塔式太阳能热交换系统的集热工质主要有哪几种？
3．简述中央接收器的分类。

线性菲涅尔式光热发电技术

第一节　概　　述

一、线性菲涅尔式光热发电的概念

光热发电技术可分为非聚光式和聚光式两种。聚光式光热发电技术是指通过聚光产生高热能进行发电，较之非聚光式，效率更高，更具应用前景。

按聚光形式的不同，聚光式光热发电技术主要分为以下四种：抛物面槽式、塔式、碟式以及线性菲涅尔式。塔式和碟式属于点聚式，抛物面槽式和线性菲涅尔式属于线聚式。线性菲涅尔式光热发电技术，尤其是在需要大面积镜场安装时，具有结构简单、制作和运行成本低及抗风性能优良等特点。

线性菲涅尔反射镜聚焦太阳能于集热器，直接加热工质水，如图 4-1 所示。反射镜和集热器合称反射聚光系统。在发电站中，反射聚光系统一般布置为三个功能区：预热区、蒸发区和过热区。工质水依次经过三个功能区后形成高温高压的蒸汽，推动汽轮机组发电。线性菲涅尔式光热发电实例如图 4-2 所示。

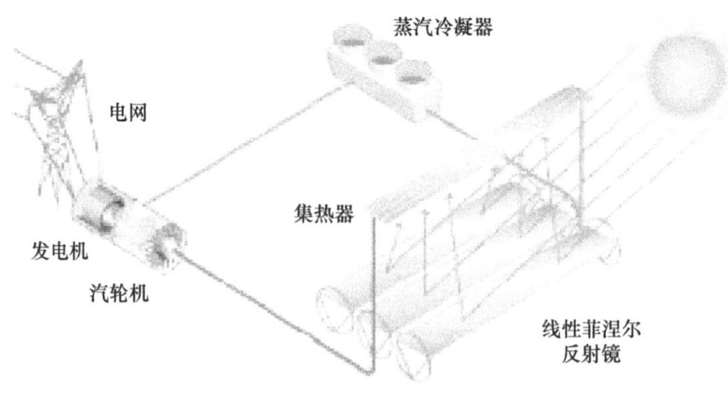

图 4-1　线性菲涅尔式光热发电的结构

图 4-2　线性菲涅尔式光热发电实例

二、线性菲涅尔式光热发电的工作原理

线性菲涅尔反射聚光技术起源于抛物面槽式反射聚光技术。线性菲涅尔反射聚光器主要由主反射镜场、接收器和跟踪装置三部分组成。

主反射镜场是由平面镜条组成的平面镜阵列，平面镜的长轴（转动轴）在同一水平面内；跟踪装置使平面镜绕转动轴转动，以跟踪太阳移动，平面镜的反射光汇聚到接收器的受光口；接收器接收主反射镜的反射光，并使之汇聚到吸收钢管上，使太阳能转化为热能。

三、线性菲涅尔式光热发电的特点

线性菲涅尔反射聚光技术与抛物面槽式反射聚光技术的不同之处在于：抛物面槽式系统的镜面是曲面且面积很大，不易加工；线性菲涅尔式系统的镜面是平面，曲面相对较小，容易加工，成本较低。

线性菲涅尔式系统的每面镜条都自动跟踪太阳，相互之间可联动控制，控制成本比抛物面槽式系统要低。线性菲涅尔式系统镜场的光线遮挡较小，场地利用率高。线性菲涅尔式系统的聚光比比相同场地的抛物面槽式系统要高，一般为 50～100。线性菲涅尔式系统年平均效率可达 10%～18%，峰值效率可达 20%，热损失低于抛物面槽式，蒸汽温度参数可达 250～500℃，每年 1MWh 的电能所需土地约 4～6m^2。

主反射镜采用平直或微弯的条形镜面，二次反射镜与抛物面槽式反射镜类似，生产工艺较成熟。主反射镜较平整，可采用紧凑型的布置方式，土地利用率较高，且反射镜近地安装，大大降低了风阻，具有较优的抗风性能，选址更为灵活。由于采用的是平直镜面，易于清洗，耗水少，维护成本低。

集热器固定，不随主反射镜跟踪太阳而运动，避免了高温高压管路的密封和连接问题以及由此带来的成本增加。固定式的集热管可以更好地适应不同类型的传热介质（水、导热油、熔融盐等），对传热介质的选择更加灵活，特别是当使用熔融盐时，可与后面的熔融盐储热系统搭配应用。

传统上，一个水冷紧凑型线性菲涅尔式光热发电站的用水量要高于抛物面槽式光热发电站，但通过新的改进技术，可以完全避免。

第二节　线性菲涅尔反射聚光系统

一、反射聚光系统的设计

线性菲涅尔反射聚光技术主要包括镜场布置、聚光集热及跟踪控制。

1．镜场布置

太阳镜场设计包括主反射镜阵列设计、太阳跟踪设计和接收器设计。主反射镜阵列设计要考虑多种影响，包括反射余弦损失、反射光学误差、入射光遮挡和反射光遮挡。但是，到目前为止，线性菲涅尔反射聚光系统光热转换效率的计算和验证还处于实验阶段，没有形成统一的评估线性菲涅尔反射聚光系统光热转换效率的方法和标准，从初期的实验研究中，皇明太阳能股份有限公司首次自主开发出了一种场地利用率的计算程序。该程序充分考虑了反射余弦损失、反射光学误差、入射光遮挡和反射光遮挡的影响。

2．聚光集热

接收器由反射聚光镜和集热管组成。为了提高接收器的聚光集热效率，反射聚光镜面设计为具有聚光特性的二次曲面面型。目前皇明太阳能股份有限公司研发的接收器反射聚光镜面面型是槽型 CPC 结构，光学聚光效率≥90%，接收器的集热管采用皇明太阳能股份有限公司的专利产品镀膜钢管。

3．跟踪控制

为使线性菲涅尔反射聚光系统在不同的季节、不同的日照时间都能够最大效率地采集太阳辐射能量，要求所有的反射镜组始终与太阳保持一个最佳角度，因此必须采用自动跟踪的控制系统。太阳季节性的变化对线性菲涅尔反射聚光系统的影响不大，一般来说，线性菲涅尔式系统采用单轴跟踪方式，单轴跟踪方式较双轴跟踪方式结构简单，成本降低。由于接收器处于镜场的垂直上方（5～10m）且接收器的开口尺寸小于反射镜的宽度，另外太阳时刻处于运动状态，使得微小的控制误差就能大大降低聚光效率，再加上天气随时变化，因此全天候全自动高精度太阳跟踪装置的设计就成为一个难点。

控制方式分为预设过程控制和光电传感控制。预设过程控制就是按照太阳运行规律计算反射镜的位置和角度，通过机械机构运动来控制镜轴的转动。但是由于机械机构的加工精度、磨损等原因会造成累计误差，因此需要在结构上设计调整装置并定期进行校正。光电传感控制就是光电传感器即时采集、测量太阳光方向，经电路处理后控制机械机构运动。光电传感控制方式的缺点是在多云或阴雨天气中找不到太阳的正确位置，需要人工干预调整。

目前皇明太阳能股份有限公司研发制作的线性菲涅尔聚光集热样机采用预设程序的控制方式，高精度的跟踪机构以及控制系统能及时跟踪太阳并将光线反射到吸收器内，实现了镜组的联动控制，大大降低了投入成本，同时自耗电低，运载能力大，能实现所有镜组同时水平、垂直放置。

二、线性菲涅尔式光热发电的技术改进

线性菲涅尔式光热发电技术仍处在较为初级的阶段，需要不断提升和发展。

1. 反射镜

生产更薄或含铁量更少的反射镜衬底，提高镜子的反射率；镜面涂抹防污染和憎水涂层，降低维护和清洗费用。

2. 集热管

集热管的改进主要是表面太阳能选择性吸收涂层的改进，要求能够耐 600℃的高温；在太阳能光谱范围内的吸收率超过 96%；自身的发射率在 400℃时可降至 9%，600℃时可降至 14% 以下。（注：目前涂层的吸收率约为 95%～96%，自身发射率在 400℃时高于 10%，580℃时高于 14%。）

3. 支撑结构

支撑结构的改进包括支架和镜架的设计和材料选取。设计更为合理且经济的支撑结构，选取合适的材料，可大大降低投资成本。

4. 蒸汽参数

目前，商业化运行的线性菲涅尔式光热发电站的蒸汽温度尚有进一步提升的空间，提高蒸汽温度则可相应提升发电效率。

5. 储热系统

具有储热系统的商业化线性菲涅尔式光热发电站已被证明是可行的。

目前，工业界正在寻找相变储热材料和开发高比热容的直接蒸汽储热技术，有望在短期内获得突破性进展。

6. 用水量

紧凑型线性菲涅尔式光热发电可配置空冷或水冷设施，在阳光充足的沙漠地区，水资源十分宝贵，空冷可节约大约 90%的耗水量，空冷技术的应用将会更加普遍。

第三节　发展历程和应用前景

一、发展历程

线性菲涅尔式的名称源于法国物理学家奥古斯汀·菲涅尔。19 世纪初，菲涅尔发现大透镜在被分成小块后，能实现相同聚焦效果。后来人们将利用这种方法得到的光学组件都贯以菲涅尔的名字。20 世纪 60 年代，太阳能利用先驱 Giorgio Francia 将这种方法应用到太阳能反射聚光上，在意大利热那亚制作了一个太阳光聚集系统，并将这种技术称为线性菲涅尔反射聚光技术。

自线性菲涅尔反射聚光技术产生以来，已经历了四个时期的发展和演变：

第一个时期是20世纪60年代的小型样机实验阶段，由Giorgio Francia在意大利热那亚完成。

第二个时期是20世纪70年代，FMC公司首次将线性菲涅尔反射聚光技术向大型化发展，为美国能源部（DOE）提供10MW和100MW线性菲涅尔反射聚光器的设计方案。

第三个时期是20世纪90年代，其中的代表有PAZ公司的设计和紧凑型线性菲涅尔反射器（CLFR）的设计，PAZ公司研发了一种具有跟踪功能的线性菲涅尔反射聚光技术，并且接收器采用了具有高聚光效率的CPC。随后澳大利亚的一家公司研发了一种紧凑型线性菲涅尔反射（CLFR）聚光技术。

第四个时期是21世纪的最近10年，这一时期是线性菲涅尔反射聚光技术真正开始发展的时期。许多西欧、美国公司开始进行线性菲涅尔反射聚光技术大型化示范工程的研究和建设。这一时期的主要技术进步表现在耐高温吸收管和适合线性菲涅尔反射聚光镜场的直接蒸汽生成技术的提出及验证。目前皇明太阳能股份有限公司是世界上为数不多的能做耐高温高压吸收钢管的公司之一，其钢管选择性涂层的耐温已稳定达到450℃，空气中在330℃下进行加速老化实验，时间已经超过4000h。适合线性菲涅尔反射聚光镜场的直接蒸汽生成技术经国际上一些公司在各自示范工程中验证是可行的。

二、应用前景

线性菲涅尔聚光集热系统比抛物面槽式、塔式、碟式三种中高温集热系统更具优势，如：聚光比比抛物面槽式系统高，不但可以聚集直射光，还可以聚集部分散射光；线性菲涅尔式系统采用紧凑密排的方式，用地更合理且利用率更高（聚光面积与用地面积的比是1:1.2，塔式系统则达到1:5），可以在系统的下面建停车场、养殖场等；由于风阻力较小，可以将系统放置在楼顶安装，大大提高建筑的节能、热利用能力；由于其结构简单，制作简单，且易实现标准化、模块化，因此便于批量生产。

线性菲涅尔聚光集热系统是最具潜力的太阳能中高温光热发电热量采集系统，它不仅可以产生高温高压用于光热发电，也可以控制温度和压力，广泛适用于采暖、太阳能空调、纺织、印染、造纸、橡胶、太阳能沼气、海水淡化、食品加工、烘干、畜牧养殖场及农业生产等各种需要热水和热蒸汽的生产与生活领域，前景非常广阔，待开发的市场和领域很多。

直到今天，线性菲涅尔式光热发电技术依然以示范为主，未能实现成熟的商业化应用。但伴随技术的长足进步，线性菲涅尔式光热发电技术的成本开始逐步向成熟的抛物面槽式光热发电技术看齐。

很遗憾的是，全球目前专业做线性菲涅尔光热发电站的企业少之又少。德国的Novatec太阳能公司和法国的阿海珐太阳能公司分别依托ABB集团和阿海珐集团的强大实力，积极开展线性菲涅尔式光热发电技术的产业化应用。

线性菲涅尔式光热发电技术可以称之为抛物面槽式技术的特例。其基本原理与抛物面槽式技术类似，与抛物面槽式技术的不同之处在于其使用平面反射镜，同时其集热管是固

定式的。从这两个方面的设备构成来看，线性菲涅尔式光热发电技术的建设成本相较于抛物面槽式技术来讲更低一些。

2012 年，Novatec 太阳能公司负责市场和产品发展的董事会成员 Martin Selig 表示，线性菲涅尔式光热发电技术的综合性优点体现在其结构更加简单，固定式的集热管配套简单的管道系统，不需要活动的管道连接装置；同时，其对传热介质的选择可以更加灵活，这同样是因为固定式的集热管可以更好地适应不同类型的传热介质，包括水、导热油、熔融盐等，特别是当使用熔融盐做传热介质时，可以与后面的熔融盐储热系统搭配应用。

国际可再生能源机构（IRENA）此前发布的一份报告显示，线性菲涅尔式光热发电区别于抛物面槽式光热发电技术的最大优点在于这种技术可以使用更加廉价的平面玻璃作为反射镜，这种反射镜比抛物面槽式的抛物面镜的生产成本要低很多，同时，由于其反射镜的支撑结构更加简单，整个镜场系统建设所需的钢材和混凝土的消耗量也会大大下降，这会带来发电站成本上的下降。

同样，美国能源部的光热发电商业化应用研究结论也强调，由于线性菲涅尔式光热发电镜场系统的反射镜安装密度更大，使其占用的土地面积相对更小，这提供了更多节约成本的可能性。线性菲涅尔式技术的聚光集热系统的设备制造成本和安装成本都比抛物面槽式技术更具优势。

另外，由于线性菲涅尔式反射镜位置是固定的，同时以微小的倾斜角度平放，这使其可以保持较好的结构稳定性，降低集热损失，减少因大风造成的反射镜被破坏的概率。而相对来看，抛物面槽式反射镜往往有较大的倾角而造成风阻过大，一旦大风来临，很可能造成大面积的反射镜系统被毁。更为重要的是，同样一根集热管，对应的线性菲涅尔式反射镜镜面更大，反射的热量也更多，同样功率的发电站，相较于抛物面槽式来说，其所使用的集热管数量会减少，对于造价高昂的集热管来说，可使发电站整体成本有很可观的下降。

再者，线性菲涅尔式反射镜的制造成本大约为抛物面槽式抛物面镜的一半左右。同时，其维护和清洁更加简单省力，可以完全实现自动化清洗维护。

根据近年来的发展状况来看，抛物面槽式光热发电技术看起来已经到达了发展的瓶颈期，成本下降空间已经很小。而线性菲涅尔式和塔式技术明显还有较大的成本下降空间。

传统上，一个水冷紧凑型线性菲涅尔式光热发电站的用水量要高于抛物面槽式光热发电站，但通过一种新的改进型菲涅尔式发电技术，可完全避免此项缺陷。

过热蒸汽发生器是阿海珐太阳能和 Novatec 太阳能线性菲涅尔式光热发电的核心组件，通过特制的真空接收管产生高压高温蒸汽（温度高达 500℃，高于一般抛物面槽式的 400℃），而不需要化石燃料辅燃，不增加额外成本。显而易见，更高的蒸汽温度意味着更高的发电效率。

Novatec 太阳能公司太阳能资源评估工程师 Stefan Nelles 曾表示，线性菲涅尔式技术集热系统的热损失也低于抛物面槽式技术。时任阿海珐太阳能公司全球业务副总裁的 Jayesh Gopal 曾表示，“我们的线性菲涅尔式发电技术仅仅需要消耗抛物面槽式发电站一半的用水量。虽然水冷技术效果更好一些，但在缺水的沙漠地区，空冷是最好的选择。”Martin Selig 也表示，如果水资源短缺，空冷是节约水消耗的最佳途径。

Novatec 太阳能公司和阿海珐太阳能公司都在积极研发熔融盐作为线性菲涅尔式光热发电技术的传热储热解决方案。虽然熔融盐储热在抛物面槽式和塔式发电站中都有成熟的应用案例，但在线性菲涅尔式光热发电技术中还处于初级研发阶段。

Novatec 太阳能公司开发的熔融盐作为传热介质的技术，在位于西班牙 Puerto Errado 的 11MW 线性菲涅尔式光热发电站进行了实际测试。

另一方面，阿海珐太阳能公司正在示范熔融盐储热系统的应用。现已完成了一个 CLFR（紧凑型线性菲涅尔反射）熔融盐储热项目并已向市场推广。

印度、澳大利亚、中东等新兴市场的光热发电产业发展迅速。阿海珐太阳能公司和 Novatec 太阳能公司都在积极开拓新兴市场。

阿海珐太阳能公司已经成功进入了几个海外市场，在中东地区，阿海珐太阳能公司在沙特阿拉伯王国建立了区域办公室。沙特阿拉伯王国、摩洛哥、约旦等国家都对光热发电的发展寄予厚望，他们考虑给予相关政策上的支撑以促进太阳能发电的发展。

2016 年 4 月 23 日，由Godawari绿色能源有限公司开发的印度首个装机 50MW 的光热发电站日发电量突破 589MWh，CUF（平均发电产能利用率）为 49.05%，成功超越此前日发电量 572MWh 的最高纪录。

印度信实电力公司在拉贾斯坦邦（Rajasthan）的 Jaisalmer 投建的 125MW 线性菲涅尔式光热发电站项目是目前印度最大的光热发电项目，2016 年，其实际出力达到了 100MW，迈出了具有里程碑意义的一步。

据统计，2016 年全球光热发电建成装机容量在 2015 年 4940MW 的基础上增加了 76.86MW，总的在运行装机容量达到约 5017MW，增幅仅 1.56%，增长势头渐缓，我们已经可以看到线性菲涅尔式光热发电技术全面商业化应用的曙光。

三、设计应用

1. 南山电厂太阳能光热发电项目线性菲涅尔式集热技术

太阳能光热发电系统要实现稳定、连续运行一般需要加入储热装置，然而储热装置的加入会提高太阳能光热发电系统的造价。太阳能光热发电系统的原理与火力发电相似，因此可以将二者结合，省去太阳能光热发电系统的储热装置和汽轮发电机组。这样既降低了太阳能发电成本，又提高了太阳能光热发电的稳定性。此外，在夏季用电高峰时期，太阳能辐射也达到全年最高值，因此可以减小电网调峰压力，降低化石燃料对环境的影响。因此，将太阳能光热发电与火力发电相结合的方法具有实际推广价值。

将太阳能发电与燃气联合循环发电结合的太阳能-燃气联合循环（ISCC）系统是一种较为高效、成熟的太阳能光热发电技术。目前，已投产的 ISCC 项目有埃及由 Solar Millennium 公司建设和运行的 Kuraymat 项目，混合发电站实际运行性能超过预期的 8%。我国在太阳能光热发电技术领域的研究工作起步较晚，且集中于基础理论研究和相关设备的研制，缺乏大规模系统集成和系统运行的经验。2012 年 10 月，华能集团依托华能海南南山电厂建成了我国首个菲涅尔式太阳能-燃气联合循环发电项目，并成功投入运行，成为我国首个可并网发电、过热蒸汽温度超过 400℃的太阳能光热发电系统。

（1）系统介绍　南山电厂太阳能光热发电项目采用线性菲涅尔式集热技术，整个项目占地面积约 10000m^2，共包括 11 组集热单元，设计产出压力为 3.5MPa、温度为 400℃的过热蒸汽，蒸汽流量约为 1.7t/h。图 4-3 为线性菲涅尔式太阳能混合发电系统示意图，图 4-4 为南山电厂线性菲涅尔式太阳能集热场。太阳能集热系统分为预热段、蒸发段和过热段 3 部分，其集热面积按 1∶8∶2 分配。预热段、蒸发段采用镀膜集热钢管，过热段采用真空集热管。集热管吸收入射光后将太阳能转化为热能，然后通过工质与集热管壁之间的换热完成整个光热转化过程。

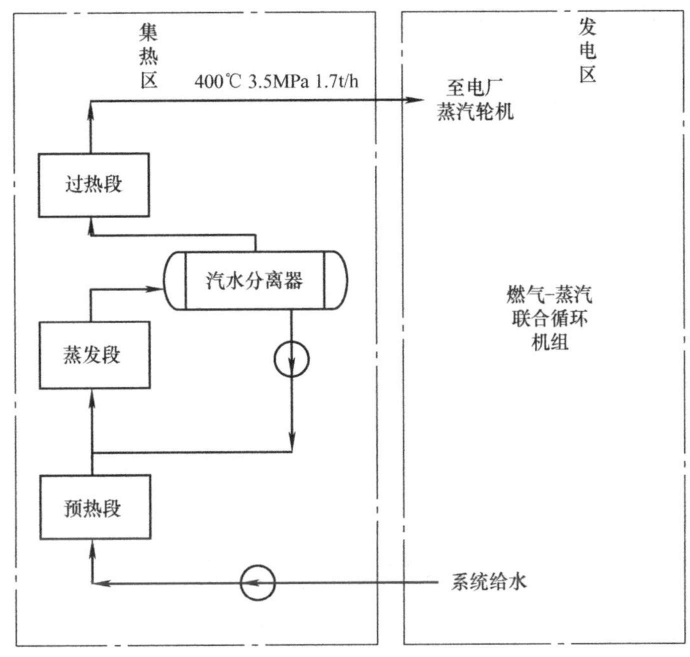

图 4-3　线性菲涅尔式太阳能混合发电系统示意图

图 4-4　南山电厂线性菲涅尔式太阳能集热场

通过给水泵从联合循环系统取水并加压至 3.5MPa，预热段利用太阳能将给水温度提升

至 180℃左右，使其进入汽包与蒸发段回水混合，然后通过强制循环泵加压进入蒸发段加热，形成汽水混合物，蒸发段的出口温度为 242℃，每小时产生饱和蒸汽约 1.7t，经过汽包分离后的饱和蒸汽进入过热段，通过过热段将饱和蒸汽温度提升至 400℃，形成高温、高压的过热蒸汽，并将其送入燃气-蒸汽联合循环机组，推动汽轮机组发电。整个太阳能光热发电系统的热功率为 1.5MW。

图 4-5 为线性菲涅尔式集热单元结构。集热单元由多列相互独立的超白镀银平面反射镜组成，反射率可达 93%。反射镜由电动机和减速机组成的跟踪驱动装置驱动，通过太阳跟踪算法计算出太阳当前位置及反射镜偏转角度，然后控制反射镜转动，实现对日实时精确跟踪。每列反射镜可单独跟踪太阳并将入射光反射至反射镜上方的集热器，并在过热段集热器上安装了二次反射镜，可以有效地将集热器聚光比提高。图 4-6 所示为过热段集热器。

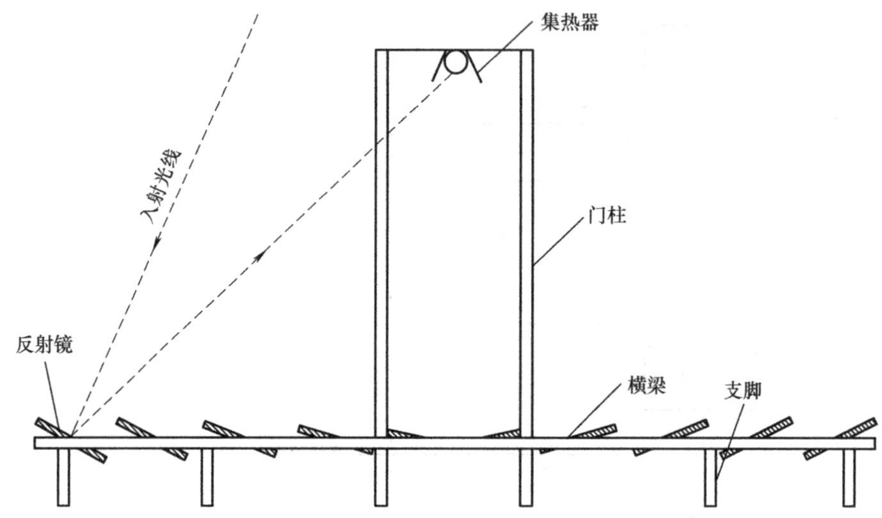

图 4-5　线性菲涅尔式集热单元结构

图 4-6　过热段集热器

（2）影响因素分析　线性菲涅尔式太阳能光热发电装置热力回路无活动部件，使得其耐压性良好，可以用水作为运行工质进而省去换热器等装置，系统更为简单且运行稳定、造价低廉。当太阳直接辐射达到运行预定值时集热镜场开始跟踪，蒸汽参数达到设计要求时送入汽轮机发电，系统蒸发量主要取决于太阳直接辐射强度。图 4-7 给出了太阳能集热系统蒸发量与直接辐射强度的关系。由图 4-7 可见，在不同的直接辐射强度下，系统蒸发量变化显著，当太阳直接辐射强度达到 660W/m^2 时，蒸发量超过 1800kg/h 达到最大值；当直接辐射强度降低到 350W/m^2 时，蒸发量降至 520kg/h。

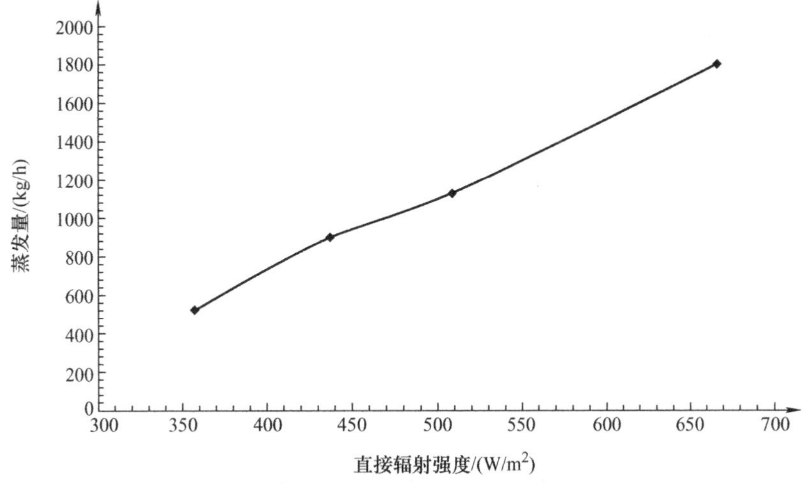

图 4-7　太阳能集热系统蒸发量与直接辐射强度的关系

光热转化效率主要取决于系统的光吸收率和热损失。由于采用了高吸收涂层，集热管的光吸收率超过了 90%。集热器的热损失包括对流换热损失和热辐射损失两部分。由于蒸发段集热器为密闭腔体，对流换热属于自然对流换热，表面传热系数和表面积都为常量，可通过试验进行测定，因此对流换热损失与集热管和腔内空气的温差成正比。热辐射损失与壁温的 4 次方成正比，而管壁发射率和集热管表面积不变，所以热辐射损失只与壁温相关。集热器的热损失为

$$\Phi = hA(T_w - T_f) + \varepsilon A\sigma T_w^4 \tag{4-1}$$

式中，Φ 为热损失（W）；h 为表面传热系数[W/(m^2·K)]；A 为集热管表面积（m^2）；T_w 为集热管壁温度（K）；T_f 为集热器腔体空气温度（K）；ε 为集热管表面发射率；σ 为黑体辐射常量[5.67×10^{-8}W/(m^2·K^4)]。

当太阳辐射强度降低时，光功率输入总量降低，蒸发量显著下降，这与图 4-7 中蒸发量的变化趋势吻合。

由于系统运行时，在一定太阳辐射强度范围内通过控制流量可维持工质压力不变，所以蒸发段集热管壁温接近饱和温度并基本保持恒定，因而系统热损失变化很小。当太阳辐射强度下降时，蒸发量下降，热损失在集热场入射光总功率中所占比重增加。

可以根据蒸发量计算出集热系统热功率为

$$W = (Q / 3600)(H_h - H_f) \tag{4-2}$$

式中，W为集热系统热功率（kW）；Q为蒸发量（kg/h）；H_h为出口过热蒸汽焓（kJ/kg）；H_f为预热段入口给水焓（kJ/kg）。

图 4-8 为太阳能集热系统热功率与直接辐射强度的关系。当直接辐射强度达到 660W/m^{2}时，系统热功率达到 1.6MW，达到系统设计值。

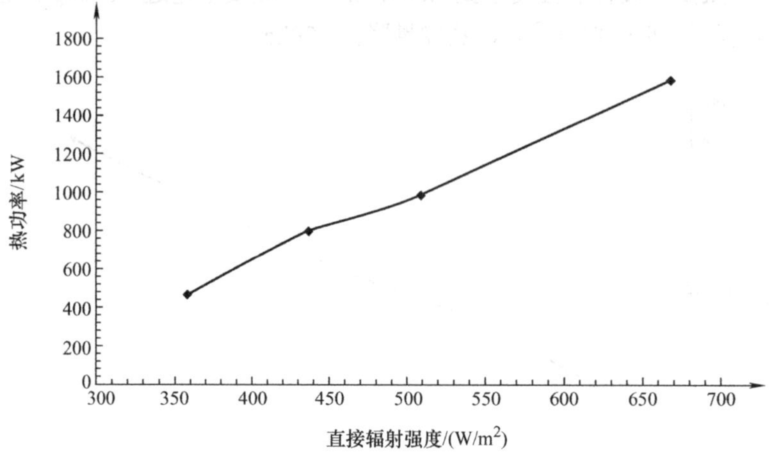

图 4-8　太阳能集热系统热功率与直接辐射强度的关系

华能南山太阳能光热发电系统作为我国首个线性菲涅尔式直接蒸汽太阳能混合发电系统成功投入运行并发电上网，通过实际运行试验证明其热功率达到了系统设计值。在直接辐射强度为 660W/m^{2}时，该机组热功率达到了 1.6MW，年发电量可达到 100 万 kWh，年节省标煤 450t，减排 CO_2总量达 900t。

2．阿海珐公司线性菲涅尔式光热发电技术

2010 年，阿海珐公司成功收购了当时美国硅谷的太阳能新星——Ausra 光热太阳能公司，更名为阿海珐太阳能（AREVA Solar）公司，目前，阿海珐公司已发展为全球领先的线性菲涅尔式光热发电技术解决方案供应商。

AREVA（阿海珐）集团是一家法国核工业公司，作为全球 500 强企业，AREVA 集团在核能源建设领域全球首屈一指。而太阳能光热发电的核心就是高温蒸汽的生产和应用，这一点正是阿海珐核电方面的关键技术。无疑，把核电方面经验与太阳能光热发电进行整合，阿海珐集团做到了。

阿海珐太阳能光热发电技术具有性价比高、节约用地、节约用水的特点。其主要优点可以概括为以下几个方面：

1）低成本，零排放。

2）过热蒸汽可以方便和现有电厂结合。

3）适用于大型独立发电站、混合发电站。

4）单位面积可提供最大的峰值太阳能。

5）直接用水做工作介质，不使用合成油。

6）采用模块化及规模化设计，以缩短建设安装周期及降低运维费用。

7）可靠、耐用，为最恶劣气候条件而设计。

8）采用标准化材料，可在电站建设当地采购组装。

阿海珐太阳能光热发电技术充分考虑了保护环境的要求，其全过程可实现零排放。使用水作为传热介质，解决了导热油的污染问题。另外，在占地方面，同等功率的发电站，其项目用地是抛物面槽式光热发电站的一半，是薄膜光伏发电站占地的 1/3，这也是拉低成本的关键因素。和其他光热发电方式相比，它对安装角度和精度的要求较低，同时，还节约光照资源好的地区的宝贵水资源，这得益于闭环循环系统和空冷技术的应用。阿海珐太阳能光热发电现场如图 4-9 所示。

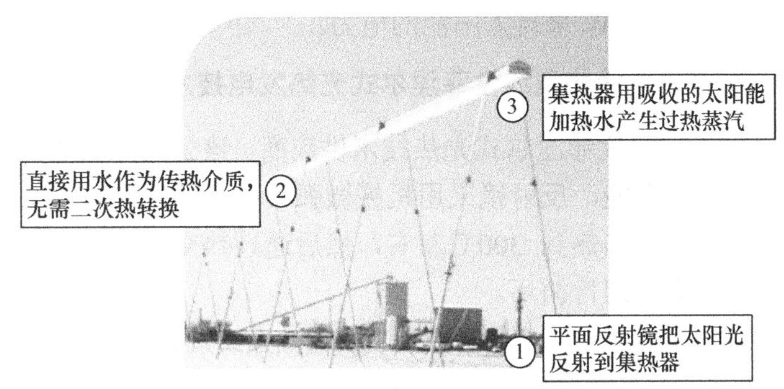

图 4-9 阿海珐太阳能光热发电现场图

阿海珐太阳能光热发电系统可靠性高、可规模化应用、易于建设安装。零部件可在现场装配，实现快速现场安装；具有最小的坡度要求，简单的装载基础要求；可升降的集热器可层级安装。这都为阿海珐光热发电站项目的建设提供了便利条件。

在成本方面，阿海珐太阳能光热发电技术通过以下方面降低投资：采用机械成形的平面镜；用水直接产生蒸汽；采用固定焊接的集热器（无需柔性的连接）；采用可直接置于大气中的防反射的涂层（无需真空）；采用常规材料；用地少；可现场装配、安装等。这使得阿海珐光热发电站的相对成本较低。

CLFR 过热蒸汽参数见表 4-1。

表 4-1 CLFR 过热蒸汽参数

每个蒸汽发生器（SSG）的性能参数	
温度	达到 450℃
压力	达到 165bar
热输出	达到 $22MW_t$
电输出	达到 $7.7MW_e$
耗水量（空冷）	80gal（303L）$/MWh_e$
用地	15.44acre（$6.2hm^2$ 或 93 亩）

注：1acre=4046.856m^2，1 亩=10000/15m^2。“MW_t”的“t”表示热功率，“MW_e”的“e”表示电功率。

阿海珐公司目前已建设或正在建设的线性菲涅尔式光热发电项目有：

1）美国加州 Kimberlina 的 30MW 太阳能光热发电站。该发电站已于 2008 年 10 月投运。项目充分验证了过热、高压蒸汽的高可利用性和可靠性。

2）澳大利亚 Solar Dawn 250MW 太阳能光热发电项目。采用 AREVA Solar CLFR 技术，是澳大利亚政府的太阳能旗舰项目。

3）44MW 的 Kogan Creek 太阳能增能项目。该项目主要集成到 750MW 的 Kogan Creek 燃煤电厂，位于澳大利亚的昆士兰，于 2013 年初建成投运。项目能增产 44MW 电力，可替代和节约相应数量的煤，每年减少排放 35600t CO_2。

4）图森电力公司（Tucson Electric Power）Sundt 太阳能增能项目。采用 CLFR 技术，项目位于美国亚利桑那州，为图森电力公司（Tucson Electric Power）Sundt 发电站 156MW 的燃煤电厂 4 号机组增加 5MW 来自太阳能的电力。

3. 法国 Alsolen 公司的储热型线性菲涅尔式光热发电技术

Alsolen公司是法国的线性菲涅尔式光热技术供应商。该公司开发的光热发电站采用线性菲涅尔式技术来收集太阳能，反射镜采用机械微弧设计，呈线性排列。采用导热油工质和非真空集热管，导热油被加热到 300℃左右，然后通过热交换将热量转移给后端发电系统发电，发电系统采用有机朗肯循环。

Alsolen 公司开发的光热发电系统包含新型岩石储热系统。储热系统直接与集热场连接，储存的热量可以在晚上或没有阳光的时候推动发电机继续发电。Alsolen 公司强调，这种简单而有效的设计思路使线性菲涅尔式光热发电站在晚上发电甚至整夜不间断发电成为了可能。

Alsolen 公司的这种技术已经完成研发和验证，并且在推进商业化应用方面取得了很大进展。据了解，这种技术不但可以应用于发电，还可以应用于制冷和海水淡化等热利用领域。现场图片如图 4-10 和图 4-11 所示。

图 4-10　Alsolen 公司的储热型线性菲涅尔式光热发电技术

图 4-11　储热器

4．国内首个 10MW 线性菲涅尔聚光太阳能发电示范项目

由兰州大成科技股份有限公司投资建设的10MW线性菲涅尔聚光太阳能高温高压发电示范项目获甘肃省发改委备案，该项目落户于敦煌光电产业园区，并成为国内首个 10MW 线性菲涅尔聚光太阳能发电示范项目。

线性菲涅尔聚光太阳能发电技术具有结构简单，制作、运作成本低和抗风性能优良等特点。该 10MW 线性菲涅尔聚光太阳能高温高压发电示范项目总投资 3.8 亿元，设计年发电量为 6000 万 kWh，年销售收入为 7200 万元。项目建成后，将成为我国首个采用线性菲涅尔聚光太阳能发电的大型集中式发电站。

5．点聚焦菲涅尔光热发电技术

沙特阿拉伯国王大学 KSU 此前开发了一种点聚焦菲涅尔太阳能集热器（PFFC），这种技术可能会帮助克服菲涅尔光热发电技术运行温度较低的这一缺陷，使其工作温度达到 500℃以上。

KSU 称，这种点聚焦菲涅尔太阳能集热器可提供高效低成本的太阳能集热解决方案，Desertec 基金会公开对该项技术表示肯定。

这种技术在沙特阿拉伯王国可满足特定的需求，如零碳发电、海水淡化、工业用热、区域供冷和空气调节等。

PFFC 利用安装在旋转平面上排成一列列的方形平面镜跟踪太阳并将太阳光反射至点聚焦热量接收器上，与传统的线聚焦真空管菲涅尔集热技术有明显区别。

KSU 机械工程学院主席 Hany Al-Ansary 教授认为，PFFC 可以实现 200～300 的聚光比，比塔式要低，但比抛物面槽式要高。但他认为相对于塔式来说，这种系统的反射镜离接收器的距离更近，可减少聚焦难度和太阳光的大气衰减。

从很多方面来看，PFFC 都类似于碟式聚光器，但事实上它是由平面镜组成的聚光系统，平面镜的制造更加简单，成本也更加低廉。这相对于碟式反射镜在成本上更具优势。

Al-Ansary 解释称，所有的组件都能轻易制造，组件组装十分简易，所有的镜子都是平的，所有的连接都是标准的，一般的技术工人就可以组装这些反射镜。接收器的设计也十分简单。

在跟踪控制方面，PFFC 在设计上采用两种标准电动机，分别对反射镜系统的方位角和高度角进行控制。电动机被置于反射镜系统下方，以抵御沙尘和灼热天气对它的影响，延长使用寿命。

所有这些都意味着 PFFC 的设计可以轻易地被组装和维护，不需要高技能的工人，各种组件的原材料也十分容易获得。这将有利于降低系统的成本。

事实上，KSU 团队的其中一个目的就是研究一种可以形成本土化基础的 CSP 技术，即最大程度地利用本土制造能力和技术能力完成 CSP 的部署和应用。

这种技术的更进一步的优势是高度模块化，Al-Ansary 说："如果我们要将其应用于大规模发电站，有两种选择，我们可以复制这些小的模块，也可以建设大的模块，不论如何，最终都可得到你所需要的规模。"

该技术的原型机完成了 KSU 测试，其采用导热油作为传热介质，Al-Ansary 相信这种高聚光比的设计使其也可以采用熔融盐作为介质，在 500～600℃下运行。这使得 PFFC 可以用于熔融盐储热。

KSU 对接收器开展了更多的研究，建设了一个更大的原型机，来确定建设更大规模的系统是否存在结构设计上的问题。同时对跟踪系统的可靠性进行测试，如果要扩大规模，也是简单的。但由于其接收器的焦点较小，如果做大规模，其跟踪系统方面的设计可能更加复杂。KSU 也尝试了测试系统是否可以与蒸汽发生器直接相连来提供工业蒸汽用热。

原型测试采用的是 6m×6m 的热量接收器，被置于反射镜系统以上 8m 处。如果将系统规模做大，将增加接收器到反射镜系统的距离，这可能会降低设计效率。

Al-Ansary 宣称这一概念已经吸引了整个产业的关注，除了 Desertec，产业界的多位观察家都对 PFFC 的这一概念表示看好。

CSP 面对的主要挑战是如何使其更加高效，最好的方法就是提高运行温度。这种技术目前面临的障碍是跟踪控制系统如何实现将众多小的反射镜进行精准定位。

本章小结

线性菲涅尔式光热发电技术可以称为抛物面槽式技术的特例。其基本原理与抛物面槽式技术类似，与抛物面槽式的不同之处在于其使用平面反射镜，同时其集热管是固定式的。从这两个方面来看，线性菲涅尔式光热发电的建设成本相较于抛物面槽式技术来讲更低一些。线性菲涅尔式光热发电技术的综合性优点体现在其结构更加简单，固定式的集热管配

套简单的管道系统，不需要活动的管道连接装置；同时，其对传热介质的选择可以更加灵活，这同样是因为固定式的集热管可以更好地适应不同类型的传热介质，包括水、导热油、熔融盐等。特别是当使用熔融盐做传热介质时，可以与后面的熔融盐储热系统搭配应用。

线性菲涅尔式光热发电区别于抛物面槽式光热发电技术的最大优点在于这种技术可以使用更加廉价的平面玻璃作为反射镜，这种反射镜相对于抛物面槽式的抛物面镜的生产成本要低很多，同时，由于其反射镜的支撑结构更加简单，整个镜场系统建设所需的钢材和混凝土的消耗量也会大大下降，这会带来发电站成本上的下降。由于线性菲涅尔式光热发电镜场系统的反光镜安装密度更大，使其占用的土地面积相对更小，这提供了更多节约成本的可能性。线性菲涅尔式技术的聚光集热系统的设备制造成本和安装成本都比抛物面槽式技术更具优势。根据近年来的发展状况来看，抛物面槽式光热发电技术看起来已经到达了发展的瓶颈期，成本下降空间已经很小。而线性菲涅尔式和塔式技术明显还有较大的成本下降空间。

问题与思考

1. 简述线性菲涅尔式光热发电系统的组成、应用和发展。
2. 简述线性菲涅尔式技术的特点。
3. 简述线性菲涅尔式 CSP 发电站的特点。
4. 储热型菲涅尔光热发电技术的特点是什么？
5. 简述点聚焦菲涅尔光热发电技术的性能特点。
6. 简述阿海珐太阳能公司紧凑式线性菲涅尔式光热发电技术的特点。

第五章 碟式光热发电技术

第一节 概　　述

一、碟式光热发电的概念及组成

碟式（又称盘式）光热发电系统是世界上最早出现的太阳能动力系统，是目前发电效率最高的太阳能发电系统，最高可达到29.4%。

碟式系统相对于槽式、塔式两种系统而言，装置比较简单，光利用效率较高，而且碟式系统有分布式系统的优点，安装和设置相对容易。

碟式光热发电系统如图5-1所示。

图5-1　碟式光热发电系统

整个系统主要分为两部分：太阳能跟踪系统和热电转化系统。热电转化系统将太阳能转化为热能，热能再转化为机械能。整个系统的核心部分包括：旋转抛物面反射镜（聚光器）、接收器、跟踪装置、热电转换装置（斯特林机组）和固定支撑（见图5-2）。

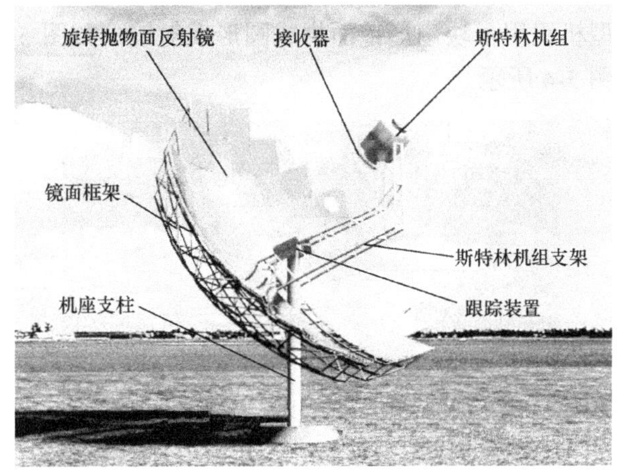

图 5-2　碟式光热发电系统组成

整片的旋转抛物面反射镜与斯特林机组支架固定在一起，通过跟踪装置安装在机座支柱上，斯特林机组安装在斯特林机组支架上，机组接收器在旋转抛物面反射镜的焦点上。

跟踪装置由跟踪控制系统控制，保证旋转抛物面反射镜对准太阳，把阳光聚集在斯特林机组的接收器上。

碟式光热发电系统具有寿命长、效率高及灵活性强等特点，可以单台供电，也可以多套并联使用。

（1）聚光器　每个碟式光热发电系统都有一个旋转抛物面反射镜用来汇聚太阳光，该反射镜一般为圆形，像碟子一样，故称为碟式反射镜。

由于太阳辐射能量的密度很小，为了能够达到发电所需的温度，必须用聚光器把近似平行入射的大面积的太阳光汇聚到一个很小的面积上，从而使该面积上的能流密度增大，温度达到可以用于发电的程度。反射面的面积和吸收面的面积之比就是几何聚光比。实际应用中更关心聚光器的能量聚光比，即吸收体的平均能流密度和入射能流密度之比，数值上等于几何聚光比和光学效率的乘积。

由于反射镜面积小的几十平方米，大的数百平方米，很难制成整块的镜面，因此一般由多块镜片拼接而成，如图 5-3 所示。

图 5-3　碟式系统反射镜扇面

一般几千瓦的小型机组用多块扇形镜面拼成圆形反射镜，如图 5-3 所示；也有用多块圆形镜面拼成的，如图 5-4 所示。

图 5-4　多块圆形镜面

大型机组一般用许多方形镜片拼成近似圆形反射镜，如图 5-5 所示。

图 5-5　多块方形镜面

拼接的多块镜面固定在镜面框架上，构成整片的旋转抛物面反射镜。

（2）跟踪控制系统　跟踪控制系统的作用是使聚光器的轴线始终对准太阳，实现点聚焦，双轴跟踪。跟踪太阳的方法主要有光电跟踪和根据视日运动轨迹跟踪。因此，跟踪控制系统的实现也可以有多种方式，其中电气控制方式可分为通过太阳传感器作为反馈的模拟控制和由计算机控制电动机并通过太阳传感器形成反馈的数字控制。

碟式光热发电的跟踪装置的结构有两种：水平、俯仰跟踪结构和极轴跟踪结构。

1）水平、俯仰跟踪结构

跟踪精度：≤ 0.3mrad。

控制方式：采用方位、俯仰双轴驱动的方式控制反射镜来自动跟踪太阳。

特点：

- 安装范围广，适用于各经纬度地区。适用温度范围为–30～55℃。
- 可得到非常精确的太阳角度值。
- 配置有温度、机械、电气多级安全保护。
- 具有防护功能。
- 具有手动、自动两种控制方式，可自由转换。
- 采用少维护、长寿命结构
- 整机运转效率高，自耗电指标极低。
- 配备有中央控制系统，无限集中组网管理。

2）极轴跟踪结构

特点：

- 采用极轴跟踪原理。
- 机械结构紧凑，传动链短。
- 节约制造、维护成本。
- 具有极高的可靠性及跟踪精度。
- 跟踪控制系统简易。

（3）斯特林机组　斯特林发动机是一种外燃机，依靠发动机气缸外部热源加热工质进行工作，发动机内部的工质通过反复吸热膨胀、冷却收缩的循环过程推动活塞来回运动实现连续做功。

由于热源在气缸外部，可方便使用多种热源，如利用太阳能作为热源。

碟式抛物面聚光镜的聚光比可超过 1000，能把斯特林发动机内的工质温度加热到 650℃以上，使斯特林发动机能够正常运转。

在机组内安装有发电机与斯特林发动机连接，斯特林发动机的机械输出有直线运动或旋转运动，可带动直线发电机或普通旋转发电机。

碟式系统使用的斯特林机组的冷却器通常采用风冷，利用风扇直接散热，使工质温度接近外界空气温度。

（4）斯特林机组的接收器（集热器）　碟式系统使用的斯特林机组的前端有太阳能接收器，也就是斯特林发动机的集热器，它将聚光器汇聚的太阳能转化为热能，为斯特林机组提供加热源。

为了使吸热面的热流密度不至于太大，焦点不能直接落在吸热面上，吸热面通常放置在焦点后方，焦点落在吸热腔体的开口上，开口应尽可能小，以减小辐射和对流热损失。

斯特林机组的接收器有直接吸热和间接吸热两种形式。由于斯特林发动机的工质气体氢或者氦在高压下有较强的传热能力，直接吸热式可以吸收很大的热流密度（大约 75W/cm^2），但是平衡气缸内的温度和传热量是直接吸热式需要解决的一个问题。

使用液态金属或者热管作为传热介质的间接吸热方式可以解决上述问题。热管换热器的温差很低，从而可以使斯特林机组工作在一个较高的温度，从而得到较高的效率。

1）直接加热式太阳能接收器。直接加热式太阳能接收器是比较简单的太阳能接收器，结构如图 5-6 所示。

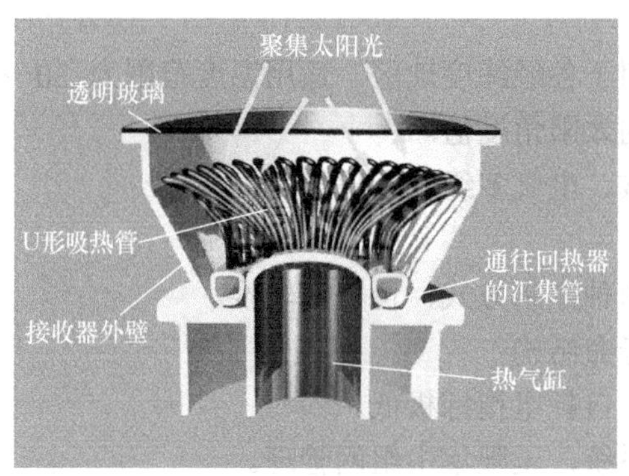

图 5-6　直接加热式太阳能接收器

U 形吸热管一头直接通到斯特林发动机的热气缸，另一头连到通往回热器的汇集管上，多根 U 形吸热管密集排成一圈组成管簇，构成斯特林发动机的加热器。

U 形吸热管向圆中心外侧弯曲，整个管簇犹如盘状，以便接收汇聚的太阳光。

U 形吸热管管簇有较大的接收阳光面积与较好的流通性，使高速通过的工质迅速得到加热。工质多为氦气或氢气，传热快，换热性能好。

由于太阳光直接照射在管簇上，直接加热内部的工质，故称之为直接加热式太阳能接收器。

管簇安装在接收器外壁内，在前方有透明度很高的石英玻璃保证太阳光照射在管簇上。

2）间接加热式太阳能接收器。间接加热式太阳能接收器多数是利用介质的相变来实现热量传递，主要有池沸腾接收器、热管式接收器以及混合式热管接收器。

池沸腾接收器结构示意图如图 5-7 所示，图中接收器的角度是接收器安装时（工作时）的实际角度。

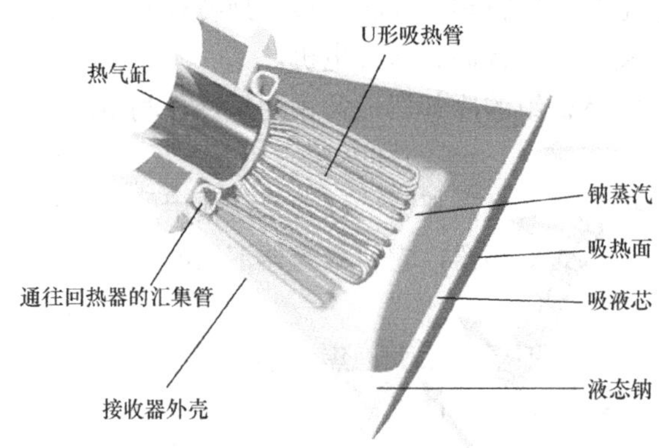

图 5-7　池沸腾接收器结构示意图

斯特林发动机的加热器由密集排成一圈的 U 形吸热管簇组成，U 形吸热管一头直接通到斯特林发动机的热气缸上，另一头连到通往回热器的汇集管上。

接收器外壳呈圆台状，直径小的一端与热气缸紧密贴合并做好密封，直径大的一端为汇聚的太阳光入口，入口端的密封板是吸热面，接收器内抽成真空，然后注入适量钠液。

有钠液的接收器工作原理类似热管，聚集的太阳光加热钠液，钠液被加热到约 700℃蒸发，钠蒸气上升遇到比它温度低的 U 形吸热管，把热量传给 U 形吸热管后钠蒸气又凝结成钠液，钠液由于重力流回吸热板，在阳光加热下又蒸发为蒸气，整个接收器内部空间呈气液两相共存状态，就是一个大热管。

为增加钠液与吸热板的接触面积，在吸热板内面有一层特殊结构能吸附钠液使之不流下，称之为吸液芯结构。也可以在吸热板内壁刻许多密集的微型孔槽，阻止钠液下流，称之为微槽板结构。

池沸腾接收器内的各 U 形吸热管受热均匀，相变传热效率高，是一种较好的结构形式。

碟式系统使用的斯特林机组结构非常紧凑，太阳光的热量直接加热斯特林发动机的加热器，没有热能储存装置，没有阳光机组就立即停止运转，不像槽式、塔式系统都有储热装置，相比起来这也是碟式系统的不足之处。

1982 年美国加州建造了碟式斯特林太阳能光热发电实验装置，其聚光器直径为 11m，由 320 个小镜面组成，镜面总面积为 89m^2，焦距为 6.6m，工作温度达 1090℃，光电转换效率达 29%，最大功率达 24.6kW。

由德国研发的 6 套 9～10kW 碟式斯特林系统在西班牙 PSA 进行了商业化前夕的示范，并达到累计运行 30000h 的纪录。为进一步降低系统成本，SBP 公司实施了由德国环境部资助的 6 台碟式斯特林系统发展计划。

1994 年澳大利亚建造了一套旋转抛物面反射镜面积达 400m^2 的 50kW 碟式系统，工质为水，产生的蒸汽驱动汽轮机组发电。

二、碟式光热发电技术与其他技术的比较

几种太阳能发电技术有各自的优缺点，表 5-1 为它们之间优缺点的对比。

表 5-1 碟式光热发电技术与其他技术的比较

太阳能发电	塔式	线性菲涅尔式	槽式	光伏发电（PV）	碟式
效率，水冷	15%～20%	约 13%	11%～15%	—	—
效率，风冷	—	—	—	11%～18%	25%～30%
效率衰减率	0	0	0	1.5%	0
电力生产中水消耗	需要	需要	需要	不需要	不需要
地面平地要求	否	是	是	否	否
二氧化碳零排放	否	否	否	是	是
模块化安装	否	否	否	是	是

通过表 5-1 的比较可以知道，除碟式系统外，其余三种太阳能光热发电系统都是大规

模集中系统。碟式系统规模较小，且具有高效、模块化和可组成混合发电系统等特点。在所有太阳能发电技术中，碟式光热发电系统具有最高的太阳能-电能转换效率，因此它是最有潜力的光热发电系统。

1．优势

1）聚光比达 1200 以上，采用点聚焦，可以获得最高频次的热利用。

2）光电转化率高，最高能达到 35%左右。迄今为止，它是所有太阳能发电中光电转化率最高的，也是占地最小的。

3）发电质量高，不用逆变器，可以直接并网，和传统能源的可并性非常好。

4）可集中并网，也可建立离网分布式发电站。可以上千台集中建大规模发电站，也可以每台单独发电，比如在欧美我们可以看到，居民门前就有斯特林发电机。而且它对系统的集成性要求不是很高。如塔式系统，如果集成出问题，整个塔就坏掉了，而斯特林机组只关联一个系统，所以它做分布式发电站非常好。

5）在制造过程中没有污染，用水很少。清洗镜面时会用少量水。

6）维修方面互换性非常强，提高了发电站的综合利用率，减少了停机时间。

7）度电成本低（维护费用对度电成本影响非常大）。

8）系统衰减很小。发电量总在全寿命周期中比较高，提高了投资回收率。

9）成本优化潜力比较大。大规模制造以后，千瓦造价会成倍下降。年生产 500 台与年生产 3 万台相差非常大，如果年生产能达到 3 万台的话，电厂度电成本会接近甚至达到火力发电水平，投资回收期很短，只需 3～4 年。如果年产 500 台，整机售价 55 万，投资回收期需要 8 年。

总体来说，碟式光热发电具有很强的市场竞争力。

2．劣势

碟式光热发电技术最大的劣势是连续发电问题。

由于其独特的结构原理（每台碟式单元直接进行热电转换，输出并网交流电），导致碟式系统较难配置储能系统，正是由于这个原因，在使用该项技术建设大规模发电站时，所输出电力的可调度性将会较低，这点与传统的光伏发电站较为类似。

解决办法：一是利用太阳能碟式系统进行高温高压的储藏，用熔融盐去解决；二是用石墨储热。

第二节　斯特林发动机的结构与工作原理

一、碟式光热发电系统结构

碟式光热发电系统的工作原理是利用旋转抛物面反射镜作为太阳光的反射装置，将照射在上面的阳光聚焦到一点上，称之为点聚焦，在焦点处放置阳光接收器，加热工质，驱动动力发电装置发电或在焦点处直接放置发电机组发电。

由于合理的整体结构设计有利于提高太阳能收集和转换效率以及抗风载能力，同时参考国外目前主要碟式太阳能发电站的主流结构，采用立柱式主支撑加“Z”字形网架-悬臂桁架结构，高度角、方位角驱动装置安装于立柱上部。碟式光热发电系统的结构示意图如图 5-8 所示。

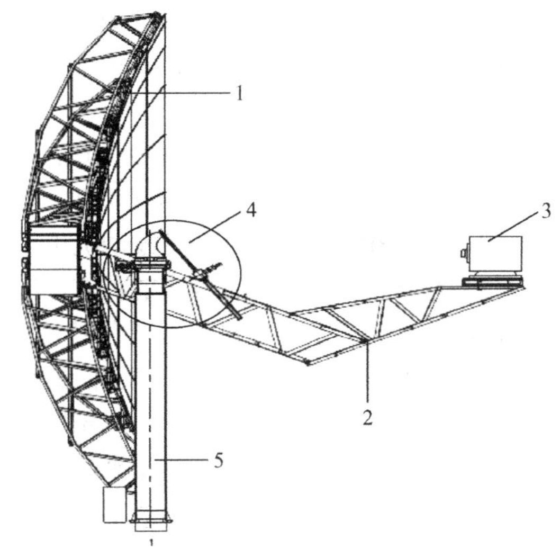

图 5-8 碟式光热发电系统结构示意图

1—聚光器 2—桁架结构 3—斯特林发动机 4—双轴跟踪装置 5—立柱

碟式光热发电系统的核心部分包括聚光器、接收器、双轴跟踪装置、斯特林机组和固定支撑几个部分。

碟式光热发电系统的主要特征是采用盘状旋转抛物面反射镜，其结构从外形上看类似于大型抛物面雷达天线。由于盘状旋转抛物面反射镜是一种点聚焦集热器，其聚光比可以高达数百到数千，因而可产生非常高的温度。这种系统可以独立运行，作为无电边远地区的小型电源，一般功率为 10～25kW，聚光镜直径约 10～15m；也可用于较大的用电户，把数台至十数台装置并联起来，组成小型太阳能光热发电站。

二、斯特林发动机概述

1816 年，英国物理学家 Robert Stirling 发明了斯特林发动机（Stirling）用于农业生产，当时利用的是生物气体进行加热。

与蒸汽机类似，斯特林发动机在传统上归类为一种外燃机，这是因为工作流体之间的来回热量传递都通过发动机壁来发生。它与内燃机相反，内燃机的热量输入是通过燃料在工作流体体内的燃烧来形成的。与蒸汽机（或更为广泛意义上的兰金循环发动机）在其液相和气相阶段使用同一种工作流体的方式不同，斯特林发动机内含有固定数量的永久性气态流体。在碟式系统的接收器位置上，通常可直接装备斯特林发动机。太阳辐射经聚光反射镜反射，集中透过透明石英窗，照到黑色多孔吸收面上；当位移活塞及再生器进入动力活塞时，向外产生机械功；当飞轮在动力活塞下止点时，又将动力活塞向上推动，把膨胀气体压回位移活塞及再生器中；动力活塞向上，则位移活塞向下，使大部分气体在位移活塞的上方气缸中准备吸热；然后重复上述循环。

斯特林发动机曾于20世纪30年代由Philips公司用于发电机组当中，这种发电机组用于驱动军用收发报机，但随着蓄电池技术的进步而遭到抛弃。在第二次世界大战之后，斯特林技术在1970～1990年间主要由United Stirling of Sweden公司出于军事用途而进行研发，NASA（美国国家航空航天局）进行了少量的太空应用，GM和Ford公司考虑在汽车上进行大规模应用。

斯特林发动机的优点很多：由于循环是在定温下供热和放热，所以理论上斯特林循环的热效率与具有热机最大效率的卡诺循环相同；斯特林发动机作为一种外部供热的热机，可采用太阳能作为供热源，因而没有排气污染；斯特林发动机由于没有一般内燃机的气阀机构和进排气系统所产生的强烈噪声，所以具有低噪声的特点。斯特林发动机要求在高温下工作，因此需要使用双轴跟踪的太阳能聚光集热器。考虑到太阳能的分散性，增大聚光反射镜面积来提高发动机的输出功率是有效的，但过于庞大的聚光反射镜因抗风和跟踪等条件的限制，将使工艺结构复杂，制造成本昂贵。因此，聚光反射镜尺寸与发动机功率范围的匹配，应根据技术和经济指标综合考虑而定。一般说来，对于碟式光热发电系统，聚光反射镜直径为10～15m，输出功率为5～20kW，其经济性较好。

三、斯特林发动机的基本工作原理

斯特林（Strling）发动机，又称活塞式热气发动机，是一种外部加热的闭式循环发动机。早在1816年，斯特林就提出了这种热气发动机的理想循环，由于当时技术水平较低，未能应用于工程实践。近年来随着技术进步及人们对环境污染问题的关注，斯特林发动机再次引起人们的重视。

斯特林发动机按正向循环工作时可以用作原动机，对外输出功；按逆向循环工作时，可以用作热泵。其结构形式多种多样，但循环原理基本相同。下面以双缸活塞式热气发动机为例，简略介绍其构造和工作循环。

双缸活塞式热气发动机由两个带活塞的气缸及加热器、冷却器和回热器等组成，如图5-9所示。两个活塞连在同一轴上，通过特殊的曲轴机构使它们的移动规律符合一定的要求。气缸内充有一定的工质（如氦气、氢气等），由于两个活塞的相互作用，使工质在热气室和冷气室之间来回流动。循环由下列四个过程组成：

（1）等温压缩　如图5-10a所示，冷腔活塞B向上止点运动，热腔活塞A保持不动，冷腔里的工质被压缩，压力从p_1增大到p_2，释放出的热量q_2被冷腔所吸收，保持温度T_L不变，理想情况下可实现等温压缩过程。

（2）等容吸热　如图 5-10b所示，冷腔活塞B继续运动到上止点，热腔活塞A也开始以相同的速率向下止点运动，工质从冷腔流向热腔，流经回热器，吸收一部分热量，温度从T_L升高到T_H，压力从p_2增大到p_3，实现等容吸热。

（3）等温膨胀　如图5-10 c所示，高温高压的工质膨胀对外做功，热腔活塞A运动到下止点，冷腔活塞保持不动，压力从p_3减小到p_4，同时工质流经加热器，吸收热腔释放的热量q_1，温度保持T_H不变，理想情况下可实现等温膨胀过程。

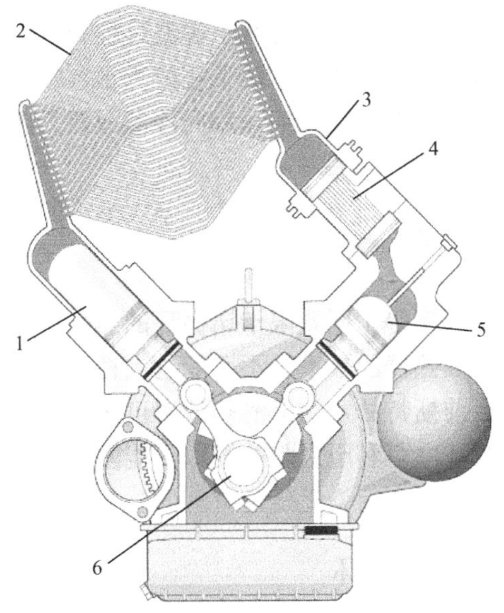

图 5-9　斯特林发动机内部原理图

1—热气缸　2—加热器　3—回热器　4—冷却器　5—冷气缸　6—曲轴机构

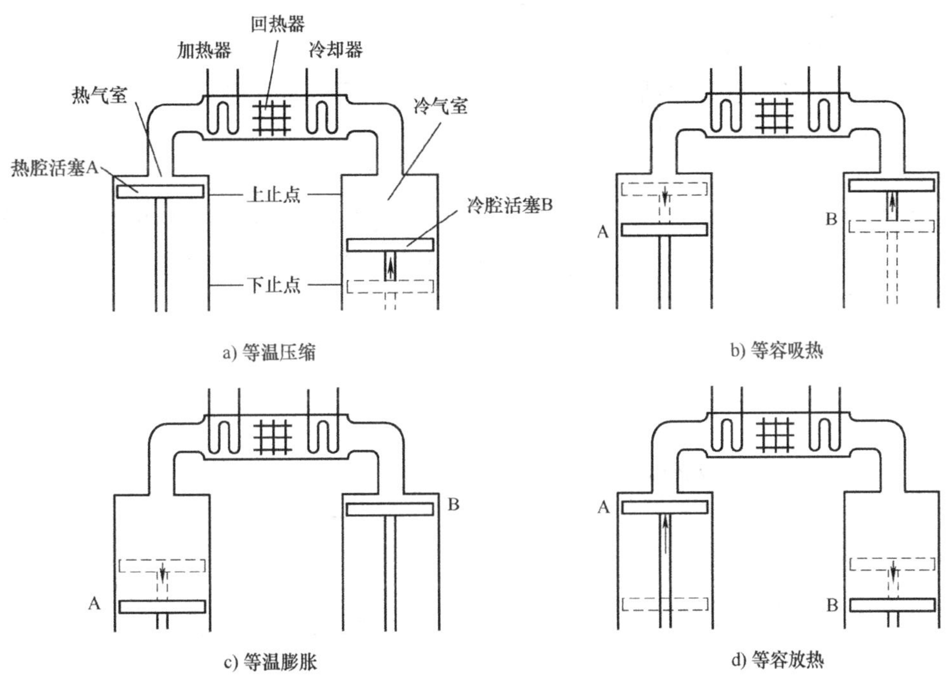

图 5-10　斯特林发动机工作循环示意图

（4）等容放热　如图 5-10d 所示，冷腔活塞开始向下止点运动，同时热腔活塞以相同的速率向上止点运动，工质从热腔流向冷腔，流经回热器，散失一部分热量，温度从 T_H 降低到 T_L，压力从 p_4 减小到 p_1，在理想情况下可实现在回热器等容放热过程。这样，工质回复到初始状态而完成闭合循环。

由此可见，热气发动机的理想循环是由两个等温过程和两个等容过程组成，如图 5-10 所示，在极限回热时，等容放热过程放出的热量正好为等容吸热过程所吸收。这样，循环只在等温膨胀过程从热源吸热，在等温压缩过程向冷源放热。因此，斯特林循环即为概括性卡诺循环的一种，其热效率为

$$\eta_t = 1 - \frac{q_2}{q_1} = 1 - \frac{T_L}{T_H}$$

理论上斯特林循环的热效率等于同温限卡诺循环的热效率，实际的斯特林循环发动机由于存在种种不可逆因素，回热器的效率也不可能达到百分之百，所以热效率低于同温限卡诺循环的理论热效率，目前斯特林发动机的热效率可达 30%～45%。此外，斯特林发动机可以采用价廉易得的燃料，亦可利用太阳能及原子能做热源；排气污染少、噪声低，这对于缓解世界优质能源需求、减少污染无疑是有利的。

四、斯特林发动机的实际循环

实际上，斯特林发动机的“等温”压缩、“等温”膨胀的功能分别由冷却器和加热器来承担。所以，斯特林发动机一般由冷腔、冷却器、回热器、加热器以及热腔组成。发动机的工作腔除了活塞扫到的容积，还有活塞未扫到的容积，包括气缸余隙、加热器、回热器、冷却器的通流容积及其连接通道孔口的内部容积等。活塞未扫到的容积称为无益容积。斯特林发动机的压缩过程并不是只发生在冷腔，膨胀过程也并不是只发生在热腔，在发动机的整个工作腔均存在工质的压缩和膨胀现象。由于无益容积的存在，在工质从冷腔流到热腔的流动过程中，压力变化幅度减小，导致输出功率下降。图 5-11 表示斯特林发动机的输出功率和热效率与工质压力或转速的关系。图中 *A* 线表示理想循环的输出功率和热效率，*B* 线表示由于无益容积的存在的实际循环的输出功率和热效率，发动机输出功率下降见 *B* 线，热效率仍保持理想循环的热效率值。

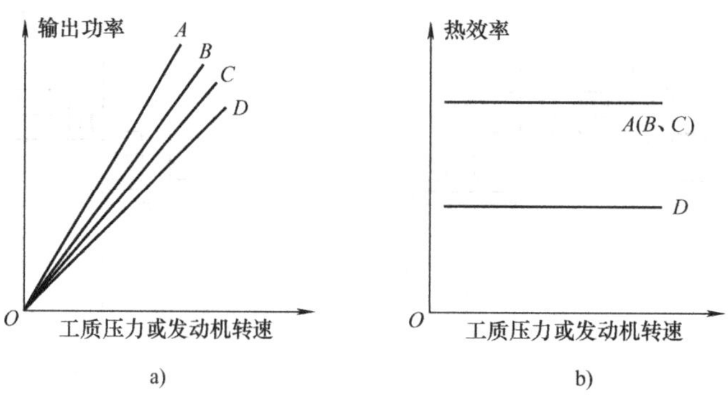

图 5-11　斯特林发动机的输出功率和热效率与工质压力或发动机转速的关系（一）

发动机活塞的运动实际上是连续的，不可能间断运动，因此斯特林发动机实际循环的四个过程没有明确的界限，导致压力和输出功率进一步下降，如图 5-11 中的 *C* 线所示。

斯特林发动机的压缩过程和膨胀过程也不是等温的，发动机的冷腔工质的平均温度高于理想循环的 T_L，热腔工质的平均温度低于理想循环的 T_H，因此冷腔的压缩功增大，热

腔的膨胀功下降，导致发动机的输出功率和热效率都下降，如图 5-11 中的 D 线所示。

发动机的实际循环还存在各种热损失，包括导热损失、穿梭传热损失、对流和辐射热损失、排气损失、热交换温差热损失及回热损失等。发动机从热腔到冷腔存在温度梯度，因此气缸壁以及其他从热区到冷区的导热途径必然存在导热损失。活塞在气缸中做往复运动，由于活塞和气缸都具有温度梯度，因而就会发生穿梭传热损失。由于发动机的热源与环境存在温度差，对流和辐射热损失同样会存在。

上述三种热损失主要取决于发动机的温度水平，与转速和工质压力关系不大，因此可称之为**等热损失**。由于等热损失导致的发动机输出功率、热效率的下降如图 5-12 中的 E 线所示。

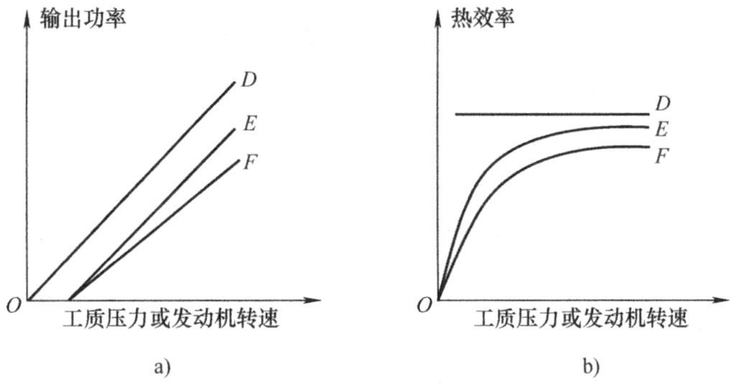

图 5-12 斯特林发动机的输出功率和热效率与工质压力或发动机转速的关系（二）

在实际的发动机中，由于排气会造成排气损失，因为排气带走的热量没有进入循环系统。排气损失随着对发动机供热量的升高而升高。

在理想循环中假定加热器和冷却器与工质的传热是完全的，这必须要求换热面积无限大或换热系数无限大，这实际上是不可能的，工质和换热器壁面必然存在温度差。在加热器中，工质温度低于壁面温度，在冷却器中则相反，工质温度高于壁面温度。由于换热器的传热量随着发动机功率升高而升高，因此这种热损失也随着发动机的转速、工质压力的升高而升高。

回热器的有效性取决于回热器基体的热容量和通过回热器的工质热容量之比。回热器基体的热容量是有限的，而且工质的热容量不可能为零，因此发动机的回热是不完善的，从而造成回热损失。当工质压力升高（工质密度增大）或发动机转速提高（工质来回频率提高）时，工质的热容量升高，导致回热器的回热损失升高，因此回热损失随着发动机的负荷升高而升高。

排气损失、热交换温差热损失、回热损失对发动机的影响如图 5-12 中的 F 线所示。

发动机的实际循环中还存在摩擦损失，包括工质流动阻力损失、机械摩擦损失及辅助机械损失等。

理想循环假定工质是理想气体，但实际上气体在流动过程中必然存在流动阻力损失，这表现为工质通过加热器、回热器、冷却器等通道时，工质压力的变化幅值会下降。工质流动阻力损失与工质压力、工质流速的二次方成正比。工质流动阻力损失会造成发动机输出功率和热效率下降，如图 5-13 中的 G 线所示。

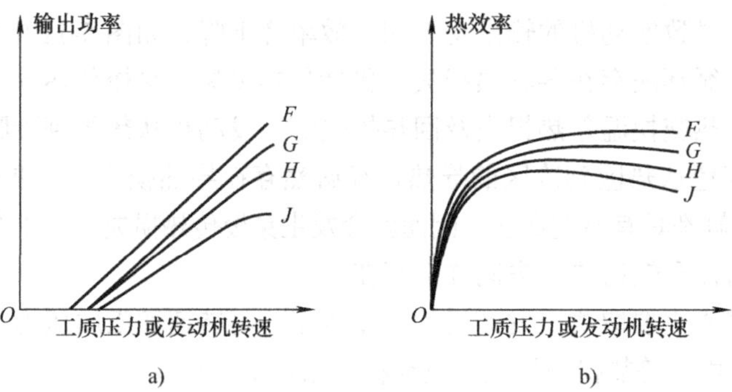

图 5-13　斯特林发动机的输出功率和热效率与工质压力或发动机转速的关系（三）

由于活塞环、活塞杆密封及各种轴承所造成的损失称为**机械摩擦损失**。机械摩擦损失随着发动机的转速和工质压力的升高而升高，其中转速的影响更大。机械摩擦损失也会造成发动机输出功率和热效率下降，如图 5-13 中的 *H* 线所示。

发动机还存在机油泵、工质压缩机、冷却水泵等辅助设备的耗功，这部分损失主要与发动机的转速有关。辅助机械损失造成的发动机输出功率和热效率的下降如图 5-13 中的 *J* 线所示。

发动机的实际循环还可能存在工质泄漏等其他与理想假设条件不符之处，因此实际的发动机与理想情况相差很大。实际斯特林发动机的循环过程是在理想斯特林循环所包含区域内的一个连续、封闭的曲线，如图 5-14 所示。

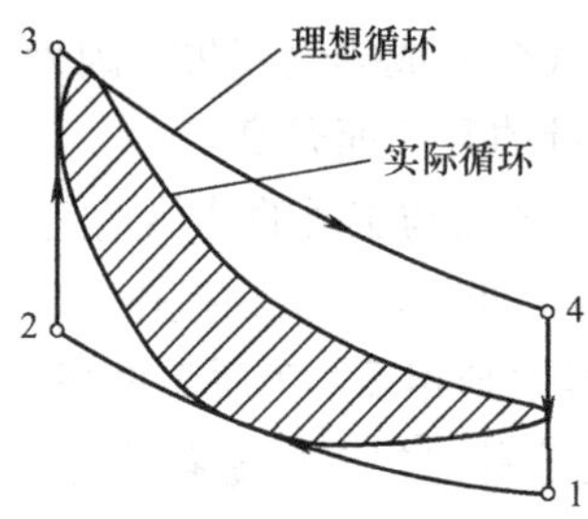

图 5-14　斯特林发动机的理想循环与实际循环

第三节　斯特林发动机的类型与优点

一、斯特林发动机的类型

斯特林发动机主要由压缩腔、加热器、回热器、冷却器和膨胀腔组成，根据工作空间和回热器的配置方式，可以分为α型、β 型和γ 型三种基本类型。

1. α型斯特林发动机

α型斯特林发动机的结构最简单，加热器、 回热器、冷却器两侧配备了热腔活塞和冷

腔活塞，热腔活塞负责工质的膨胀，冷腔活塞负责工质的压缩，当工质全部进入其中一个气缸时，一个活塞固定，另一个活塞压缩或膨胀工质。图 5-15 为α 型斯特林发动机及其实际工作特征图。

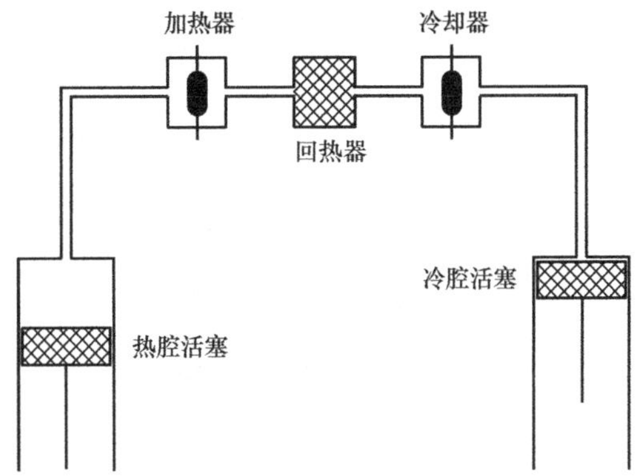

图 5-15　α 型斯特林发动机及其实际工作特征图

2．β型斯特林发动机

β型斯特林发动机在同一个气缸中配备了配气活塞和动力活塞，配气活塞负责驱动工质在加热器、回热器和冷却器之间流通；动力活塞负责工质的压缩和膨胀，当工质在冷区时压缩工质，当工质在热区时让工质膨胀。图 5-16 为β型斯特林发动机及其实际工作特征图。

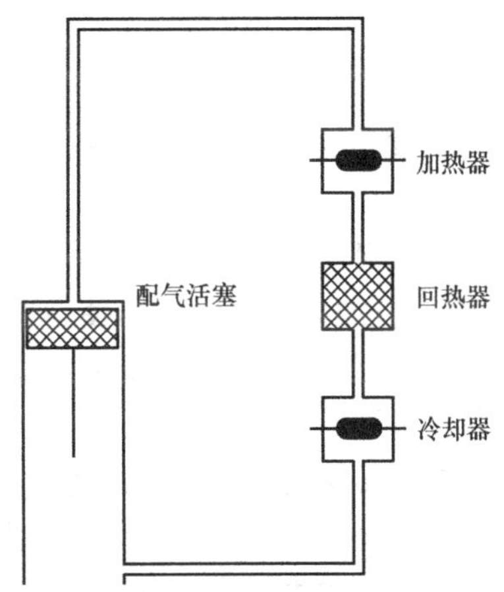

图 5-16　β 型斯特林发动机及其实际工作特征图

3．γ 型斯特林发动机

γ 型斯特林发动机的动力活塞和配气活塞分别处于配气气缸和动力气缸内，配气活塞同样负责驱动工质流通，动力活塞单独完成工质的压缩和膨胀工作。理论上，γ型双作用型斯特林发动机具有最高的机械效率，并且有很好的自增压效果。γ型斯特林发动机结构基本与β 型相同，只是动力活塞并列安装于与隔离块所在气缸相并列的另一个气缸内。但它们都连接于同一个飞轮，工作气体在两个气缸内可以自由移动。这种设计有利于降低压缩比，机械结构简单，而且可以应用于多缸的斯特林发动机。γ型具有与β型类似的隔离块和动力活塞，但是二者处于不同的气缸内。这样有利于将隔离块气缸的热交换器和活塞膨胀、压缩的空间分开。图 5-17 为γ型斯特林发动机及其实际工作特征图。

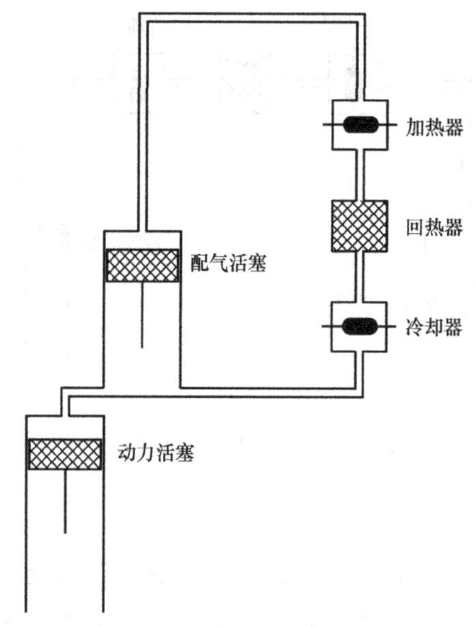

图 5-17　γ型斯特林发动机及其实际工作特征图

二、斯特林发动机的优点

首先，效率高。目前，斯特林发动机的转换效率高达 25%～30%，是目前所有的太阳能发电技术中转换效率最高的。

第二，采用双轴跟踪和加大的碟盘面积。双轴跟踪系统和开闭环控制系统设计使得碟盘能够精确地跟踪太阳，保证输出；加大的碟盘面积使得斯特林发动机即使在低的 DNI（Direct Normal Irradiance，直接辐射）情况下也能有令人满意的输出。

第三，由于光伏电池板的特性，随着时间的增长，其发电效率呈现逐年下降的趋势，而斯特林发动机由于采用了外部热量传递的工作原理，其寿命可以达到 25 年。

第四，模块化设计。模块化的设计保证了工业化和规模化后成本迅速降低，同时大规模的太阳能发电站可以分期发电。未来的大规模发电站更是有利于电网的调度，可以按照电网的要求进行不同电量输出的组合。

第五，使用斯特林发动机几乎不可能爆炸。不需要产生高压蒸汽，不用像奥托循环或柴油机那样在缸套中爆燃。斯特林发动机没有点火装置，没有碳化过程，只需要一种工作气体，也不需要排气阀。这对于斯特林发动机来说是一个很大的优势，即使在它旁边工作也是绝对安全的。

第六，在活塞气缸内使用的可以是空气、氦气、氮气或氢气，不需要重新补充气体，因为斯特林发动机只使用恒定量的气体，也就是说在其工作过程中，作为工质的气体没有丝毫损耗，大大节省了发动机运行成本。

第七，使用斯特林发动机，热源的来源没有局限性，可以是化石能源，如煤炭、石油、天然气、核能等，也可以是可再生能源，如太阳能、地热、生物质能等，甚至可以是家里使用的色拉油都可以成为为斯特林发动机提供动力的燃料。

第八，吸热、放热过程可以设计为一个连续的过程，所以大部分的废气排放就被消除了。如果是利用可再生能源（如太阳能）作为热源，则可以达到零排放的效果，这样可以保证斯特林发动机的排放是清洁的，避免了污染，达到既节约又可持续发展的目的。

第九，斯特林发动机运转非常安静，几乎没有振动，和传统的内燃机相比有明显的优势，并且不需要补充空气，因此被大量用于潜艇。

第十，斯特林发动机可以在非常小的温差下运行，比如手心的温度或一杯咖啡的温度就可以驱动它。它可以用来制作只需要很小动力的发动机。

第十一，由于轴承和密封可以放置在气缸的冷端，所以其工作寿命可以很长。只需要少量的润滑，不需要经常检修，即工作周期很长。

最后，斯特林发动机非常灵活，可以用来同时提供动力和热能，驱动发动机的热量很容易收集，夏天还可以用来制冷。

第四节 碟式斯特林太阳能发电示范园区

一、示范园区概况

在内蒙古建立了100kW的示范工程园区，该示范工程由10台斯特林发电单元构成，根据测算，仅示范工程的发电量就可达到每年210000kWh。通过对当地的地理和环境等因素进行研究，并针对当地的环境进行相应的提高，从而使得碟式斯特林机组在当地达到最大的发电效率。并对相应的人员进行技术培训，为后期的商业化工程进行技术储备。碟式斯特林太阳能发电示范园区如图5-18所示。碟式斯特林太阳能发电设备如图5-19所示。碟式斯特林发电机组如图5-20所示。

图5-18 碟式斯特林太阳能发电示范园区

图 5-19　碟式斯特林太阳能发电设备

图 5-20　碟式斯特林发电机组

二、示范园区的支持系统

商业化的太阳能发电园区将由大量协调一致运行的碟式斯特林单元构成，用于生产电网质量级的电力。在公用事业级园区内，要让园区能够安全而高效地运行，配备了多种支持系统。

1）园区控制系统：此系统负责管理园区内各单元的协调工作，其目的是在日光资源接收、电网的需求和发电饱和上限之间取得最佳匹配。

2）天气预测系统：由一个园区小区级的传感器系统来测量风向、风力、环境温度、空气压力、空气湿度和降雨量。来自这些园区小区传感器的数据将得到园区控制器的本地利用，这些数据还将返回至监控园区控制器用于执行模式分析以及园区内部的早期报警。

3）SCADA（监控和数据采集）系统：在控制体系中 SCADA 系统发挥着上级系统的作用，可以远程对园区进行监控。

4）配电系统：此系统用于将来自每一台发电机的电能输送到电网。配电系统包含了电缆、开关柜/熔断器、逆变器和变压器。

5）安保系统：确保未经授权人员不得进入园区以及其他系统能够按计划正常运行。

在示范园区当中，这些系统都集成到了一个 20ft（1ft=0.3048m）的集装箱之内。

本 章 小 结

碟式（又称盘式）光热发电系统是世界上最早出现的太阳能动力系统，是目前太阳能发电效率最高的太阳能发电系统。碟式光热发电的系统特点：

1）可以独立运行，作为无电边远地区的小型电源，一般功率为10～25kW，聚光镜直径约为 10～15m。

2）可单台供电，也可把数台至十数台装置并联起来，组成小型太阳能光热发电站，用于较大的用户。

3）寿命长、效率高、灵活性强。

技术特点：

1）聚光性能好，聚光比可达 1000 以上，最高可达 1500。

2）发电效率高，光电转化率高达 26%～30%，最高达 35%。

3）系统构成简单，易于布置。

4）分布灵活，可集中并网，也可建立分布式发电站。

5）占地面积小，场地适应性强。

6）无水的消耗：光电直接转换，无需水源，可建在缺水的西部沙漠地区。

7）环境影响小，节能环保，无污染，无噪声。

8）运营维护可靠、易维护，15～20 年以上可全寿命运行无功率衰减，运营成本低，发展潜力大。

问题与思考

1．碟式光热发电系统与其他几种典型光热发电系统在聚焦形式和结构上的显著区别是什么？

2．斯特林发动机主要由哪几部分组成？基本类型有哪些？

3．简述斯特林发动机的概念及其工作原理。

几种典型光热发电技术比较

第一节 概 述

一、典型光热发电技术

太阳能光热发电（Concentrating Solar Power，CSP）是一种太阳能聚光发电技术，依靠各种聚光镜面将太阳的直接辐射（DNI）聚集，通过加热传热工质，再经过热交换产生高温蒸汽，推动汽轮机组发电。太阳能光热发电技术分为四种：抛物面槽式、集热塔式、碟式及线性菲涅尔式。

1）抛物面槽式：利用槽式聚光镜，直接将太阳光反射到位于镜面焦点处的集热管，将内部传热工质转化为蒸汽从而驱动涡轮发电机组发电，如图 6-1 所示。

图 6-1 抛物面槽式

2）集热塔式：将吸收到的太阳能集中到塔中，对传热工质加热进而发电，如图 6-2 所示。

3）碟式：利用旋转抛物面反射镜，将入射太阳光聚焦到焦点上，用焦点处放置的斯特林发电装置进行发电，如图 6-3 所示。

4）线性菲涅尔式：工作原理类似抛物面槽式光热发电，只是采用菲涅尔结构的聚光镜来替代抛面镜，如图 6-4 所示。

图 6-2　集热塔式

图 6-3　碟式

图 6-4　线性菲涅尔式

二、光热发电技术发展过程

1950 年，苏联设计了世界上第一座太阳能塔式发电站，建造了一个小型试验装置。

光热发电真正起步于 20 世纪 70 年代。当时，太阳电池价格昂贵，效率较低，相对而言，光热发电效率较高，技术比较成熟，因此当时许多发达国家都将光热发电作为重点，投资兴建了一批试验性光热发电站。其时，西西里岛卡塔尼亚省政府决定在阿德诺镇上建立一座光热发电站。这个计划得到了欧洲共同体九个成员国的支持，并共同出资于1980 年 12 月建设完成。

这个光热发电站实际上是一座摆满了镜子的巨大广场，共有 180 面特大的玻璃反射镜，镜面的总面积共有 6200 多 m^2。镜面的角度用电子计算机控制和调整，使它们反射出去的阳光都集中到矗立在对面的中央塔上。中央塔有 55m 高，顶上装备有锅炉和阳光接收器。接收器接收到太阳辐射将锅炉内的水加热，最高温度可达到 500℃，压力可达到 6485kPa，这样的高温高压蒸汽完全可以推动涡轮发电机组发电。这座发电站的发电能力达 1000kW，在当时，这可算得上是规模最大的光热发电站之一了。

从那以后，世界各地陆续开始建设光热发电站。据不完全统计，从 1981～1991 年，全世界建造的光热发电站（500kW 以上）约有 20 余座，发电功率最大达 80MW，这些发电站基本上都是试验性的，例如，日本按照阳光计划建造的一座 1MW 塔式发电站和一座 1MW 槽式发电站，完成了试验工作后即停止运行。

20 世纪 80 年代中期，人们对建成的光热发电站进行技术总结后认为，虽然光热发电在技术上可行，但投资过大，且降低造价十分困难，所以各国都改变了原来的计划，使光热发电站的建设逐渐冷清下来。例如，美国原计划在 1983～1995 年建成 5～10 万 kW 和 10～30 万 kW 的光热发电站，结果没有实现。

正当人们怀疑光热发电的时候，美国和以色列联合组成的路兹太阳能热发电国际有限公司，自 1980 年开始进行光热发电技术研究，主要开发槽式光热发电系统，5 年后进入商业化阶段。该公司从 1985 年至 1991 年，在美国加州沙漠建成 9 座槽式光热发电站，从第一个发电站的 30MW 装机容量发展到第九个的 80MW 装机容量，并成功实现了商业化运行。之后，世界各国相继建立起不同形式的太阳能示范电站，促进了太阳能光热发电技术的发展。

如今，美国、西班牙、德国、法国、阿拉伯联合酋长国、印度、埃及、摩洛哥、阿尔及利亚及澳大利亚等国家都建设有光热发电站。2009 年，全球已并网运行的光热发电站装机容量约 600MW，集中在美国和西班牙。

2009 年 7 月，欧洲各国联合启动“欧洲沙漠行动”，各国政府和企业计划在未来 10 年内投资 4000 亿欧元，在撒哈拉沙漠地区建立庞大的光热发电站，该项目至少将满足全欧洲 15%的电力需求。

当前全球光热发电市场呈现出西班牙、美国装机总量领跑，新兴市场装机开始增加，整个产业全球范围蓬勃发展的局面。尽管不同来源数据略有出入，但粗略算来，截至 2015 年 12 月底，全球已建成投运的光热发电站装机容量已接近 5GW。

国际可再生能源署（IRENA）的统计数据显示，截至2015年12月底，西班牙在运光热发电站总装机容量为2300MW，占全球总装机容量的近一半，位居世界第一；美国总装机容量为1777MW，位列世界第二；两者合计光热装机容量超过4GW，约占全球光热装机容量的88%，其次是印度、南非、阿拉伯联合酋长国、阿尔巴尼亚及摩洛哥等国。各国在运太阳能光热发电站装机容量（截至2015年12月）如图6-5所示。

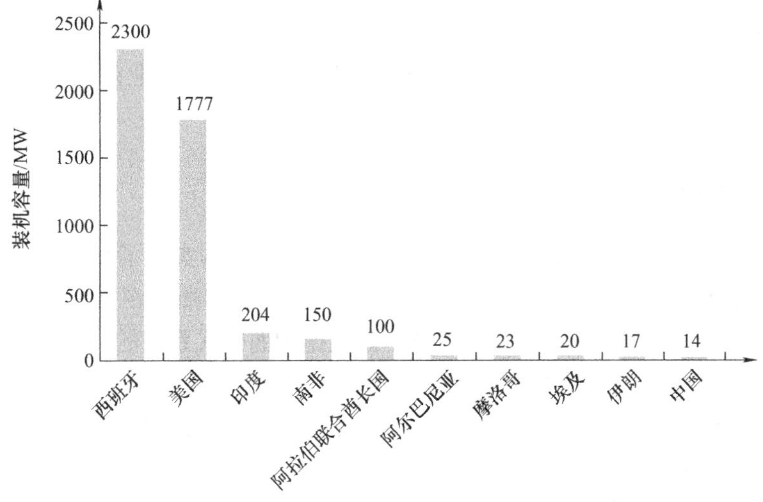

图6-5　各国在运太阳能光热发电站装机容量（截至2015年12月）

根据国际能源署太阳能热发电和热化学组织（Solar PACES）统计，截至2016年2月底，全球在建太阳能光热发电站装机容量约1.4GW。其中摩洛哥在建装机容量最高，达350MW，包括装机200MW的NOORII槽式光热发电站和装机150MW的NOORIII塔式光热发电站。中国近几年也开始发展光热发电产业，在建装机容量位居第二位，为300MW（与国内统计数据略有出入）。印度在建项目的装机容量达278MW，位居第三位，其后是南非、以色列和智利等国。

第二节　四种技术形式的比较

光热发电作为一种技术群的集成，需要克服的技术难点还很多，而且相比于光伏发电有更多的特殊要求，比如发电站场地选址、光照强度、太阳照射角度以及空气相对湿度等要求都更为严苛，这也在一定程度上制约了光热发电的试验和示范。光热发电的四种技术形式相比之下各有优劣。据不完全统计，截至2016年2月，全球建成和在建的太阳能光热发电站中，槽式发电站数量最多，约占建成和在建光热发电站总数的80%，塔式发电站占比超过11%，线性菲涅尔式发电站占比不足9%，见表6-1。

由于塔式光热发电系统综合效率高，更适合于大规模、大容量商业化应用，综合判断，未来塔式光热发电技术可能是光热发电的主要技术流派。

表 6-1 各种光热发电技术装机容量和发电量统计

（粗略统计，截至 2016 年 2 月）

技术形式	发电站数量	建成装机/MW	预计年发电量/GWh	在建装机/MW
槽式	73	4115	10000	719
塔式	10	497	1300	410
线性菲涅尔式	8	179	350	180

下面将分别从技术潜力、成本、在光热发电站所占比例及商业前景等方面对几种技术形式进行比较。

一、技术潜力

从技术方面比较，抛物面槽式系统技术已经成熟，也基本实现了商业化。抛物面槽式系统目前的技术标准、运营经验以及分析数据都是比较成熟的，所以在国外建设抛物面槽式发电站，银行可以担保，在国内也有政策支持，因此抛物面槽式系统的商业化发展速度更快。

抛物面槽式系统线聚焦技术已经得到了 30 多年的实践验证，以美国为代表的抛物面槽式光热发电站最长的运行了 30 多年，说明抛物面槽式光热发电技术的可靠性已经经受住了时间的考验，技术最为成熟。但其线聚焦形式的聚光效率与集热管太长带来的热能耗散始终是个问题；另外，抛物面槽式的跟踪系统只能跟踪东西方向，不仅跟踪精度低，对场地要求也更高，而且其抛物面聚光镜和集热管加工难度也较大，目前全世界有能力规模化生产的企业并不多。

而集热塔式系统相对来说造价低，跟踪系统简单，抗风能力强，所以在中温热发电方面有其独到优势。集热塔式系统发电效率较高，但占地面积较大，目前主要用于边远地区的小型独立供电。但由于聚光镜距离塔顶太远，对跟踪的精度要求也更高；且因为距离过远太阳能损耗更大；聚光差异大，因此对镜面平整度加工要求很高，这些问题都不太好解决。

碟式系统的聚光效果更好，也更省水，尽管在相同规模条件下可能占地面积更大，但对场地平整度要求却没有前两种技术那么高，因此具有更灵活的应用空间。也可把原本作为独立发电系统的众多碟式系统串联起来组成一个大系统，经过其更高效率的热能收集，推动汽轮机组发电。碟式系统的高聚光能够收集更多的热能，不但规避了抛物面槽式的集热管散热问题和集热塔式的跟踪精度以及远距离传输太阳能问题，而且更节水，对场地的要求也更灵活，但存在反射镜局部容易过热等问题。

线性菲涅尔式发电优势明显，投资比抛物面槽式发电低 45%，占地面积仅为集热塔式的 1/4。

二、成本

1. 投资成本

光热发电站的投资成本很高，单位千瓦投资成本为 4000～9000 美元，取决于项目所在地太阳能辐照资源和容量系数，而容量系数取决于储能系统规模、太阳能场规模。此前

研究认为，光热发电随着安装规模的扩大，成本按照10%的学习曲线下降（也就是说，装机规模每翻一番，成本下降10%）。

但由于世界光热发电增长缓慢，特别是发电部分及发电站配套设施成本增加，光热发电成本下降得没有预期那样快。另外，世界上大部分光热发电站都在西班牙，而西班牙规定只有单站装机容量在50MW以下才能享受上网电价优惠，这就限制了光热项目发展。西班牙以外地区虽然也有较大的已建或在建项目，但大多都是新技术应用，投资成本和技术风险都很高，导致全球范围来看光热成本很高。

2．运维成本

光热发电站本质上是蒸汽发电，只是太阳能辐射是最初能量来源。光热发电站发电部分的运行和维护与普通火电没有多大差别，需要24h全天候运行，通常还规定某些时段的最少值班人数。尽管已经实现了高度自动化，但跟踪太阳能的太阳能场仍然需要进行过培训的专业人员开展定期维护工作。

一个50MW槽式光热发电站的运行管理人员大概是30人，另外还需要10人从事太阳能场的维护工作；一个300MW的发电站所需运行管理人员与50MW发电站相同，但太阳能场的维护人员需要20～30名。西班牙光热发电站运维成本大致为5美分/kWh，包括补燃系统燃料成本、镜面清理用水成本及冷凝器冷却成本等。随着发电站规模的扩大，单位装机容量的运维成本将下降，太阳能辐照条件非常好的大型发电站运维成本甚至可以降低一半。

三、在光热发电站所占比例

截至2013年3月，四种光热发电技术形式的装机比例统计见表6-2。

表6-2　四种光热发电技术形式的装机比例统计

类别	抛物面槽式	集热塔式	线性菲涅尔式	碟式
已建成	26.9%	0.8%	0.6%	0.04%
在建	28.6%	7.4%	1.8%	—
计划建设	15.9%	17.6%	0.3%	—
合计	71.4%	25.8%	2.7%	0.04%

注：包括所有已建成、在建和计划建设的光热发电站装机
参考资料来源：IEA（至2013年3月底）

截至2013年3月，全球已建成的光热发电装机接近2800MW，在建和规划建设的光热发电装机达7GW左右。IEA预计到2017年，全球光热发电装机将突破10.9GW。

从上表可见，四种光热发电技术形式以抛物面槽式所占装机比例最大，集热塔式表现出了强劲的发展潜力，在规划建设的光热发电站项目中所占的比例超出了抛物面槽式。线性菲涅尔式和碟式所占的比例依旧很少，短期看，没有出现大跨步发展的迹象。

四、商业前景

目前，抛物面槽式线聚焦系统实现了商业化，其他三种处在示范阶段，有实现商业化的可能和前景。4种系统均可独立依靠太阳能维持正常运行，安装成燃料混合（如与天然气、生物质能等）互补系统是其突出的优点。

几种形式的光热发电系统相比较而言，抛物面槽式光热发电系统是最成熟，也是达到商业化发展的技术，集热塔式光热发电系统的成熟度目前不如抛物面槽式光热发电系统，而配以斯特林发电机的抛物面盘式光热发电系统虽然有比较优良的性能指标，但目前主要还是用于边远地区的小型独立供电，大规模应用成熟度则稍逊一筹。应该指出，抛物面槽式、集热塔式和碟式光热发电技术受到世界各国的重视，并正在积极开展工作。

五、总结

总结前述内容，四种典型技术形式比较总结见表 6-3 和表 6-4。

表 6-3　四种技术形式优缺点

技术形式	优点	缺点
抛物面槽式	同步跟踪，成本低；具有商业化运行经验；中、高温过程可以蓄热储能、联网发电运行	管道系统比集热塔式复杂得多，热量及阻力损失大，真空管更换增加成本
集热塔式	采用高温熔融盐蓄热储能，聚光比高，易达到较高工作温度；接收器散热面积相对较小	技术复杂，投资较大，发电成本高，配套设备还不成熟
碟式	热力发电效率高，单台装置可独立运行，也可进行模块化组合，自动化控制性能好，维护量少；建设周期短，运行成本低	造价昂贵，商业化可行性需要证实
线性菲涅尔式	集热管固定，连接简单，反射镜为平面镜，便于制造与清洗，同时近地面安装，风阻小；直接产生蒸汽，参数高；造价相对较低	投运机组少，效率不够高，储能时间较短

表 6-4　四种技术形式比较

技术形式	主要结构	发电容量/MW	聚光倍数	介质温度/℃	用水量升/MWh	年发电效率	建造成本
抛物面槽式	集热管、聚光器和跟踪机构	30～320	10～100	260～400	3000（或干式）	13%左右，管道系统复杂，热量损失大	造价较低，技术最成熟，已达到商业化应用
集热塔式	日光发射镜子系统、接收器	10～400	1000 以上	500～1000	3000（或干式）	15%以上	目前成本最高，未来成本将会降低，竞争力最强
碟式	聚光器、热接收器、斯特林发动机	3～25	500～1000	500～1500	0	30%	集热器分散布置，控制代价相对低，但接收器结构复杂，造价很高
线性菲涅尔式	集热管、菲涅尔聚光器和跟踪机构				2000（或干式）	8%～10%	造价高

总之，抛物面槽式是 CSP 主流技术中最成熟的，且其跟踪机构比较简单，易于实现，总体成本最低。随着技术的发展，抛物面槽式系统的建造费用由 5976 美元/kW 降低到 3011 美元/kW，发电成本由 26.3 美分/(kWh)降低到 12 美分/(kWh)，在 2020 年其发电成本有望达到约 4 美分/(kWh)，基本相当于火力发电成本。

几种 CSP 技术在转换效率、占地、成本及冷却用水的需求等方面各有优缺点。因此技术选择要根据预期的产出、场地条件、可利用的投资资金情况进行分析。通过过去数十年的实践，高温高聚光的方向凸显出来，并成为未来光热发电技术的大趋势。只有高参数才能产生高效率，才能降低造价实现规模化发展。从这个角度来看，目前的技术形式都有局限，未来应该是多种技术形式的优势集合。光热发电技术路线尚存衍变可能，因此在一定

程度上统一技术研发和设备制造标准，可能是光热发电产业化目前更紧迫需要解决的问题。

本章小结

本章对抛物面槽式、集热塔式、碟式以及线性菲涅尔式典型光热发电技术的具体参数以及优缺点进行对比。

其中抛物面槽式和线性菲涅尔式都属于线聚焦系统，耗材少，结构部件简单，易于实现工业标准化批量生产和安装。对太阳的跟踪一般采取单轴跟踪，多个聚光集热器单元只进行同步跟踪，跟踪装置也可大为简化。但系统结构庞大，抗风性略差。而集热塔式和碟式则为点聚焦系统，采用双轴跟踪的方式，使得聚光镜的控制系统更为复杂。集热塔式光热发电站镜场中有众多定日镜，每台都必须进行独立的双轴跟踪。抛物面槽式单轴跟踪的精度低，使得余弦效应导致的对光的损失更高，每年平均可达到30%。但在跟踪精度要求不高或阳光充裕的地方可以优先考虑抛物面槽式。其次，由于线聚焦式比点聚焦式分散，散热面积也大，尽管抛物面槽式集热管设计了真空层以减少对流带来的损失，但其辐射损失仍然随温度的升高而增加，热损耗大。且线聚焦式的聚光比小，一般在50左右，集热塔式可到几百，碟式的聚光比可从几百至上千。因此，抛物面槽式和线性菲涅尔式的传热介质一般在400℃左右，属于对太阳能的中低温利用；而集热塔式和碟式的聚焦温度则可高达1000℃。高工作温度不仅对于提高发电效率具有重要的意义，更重要的是具有了提供热储存的温度区间，以备阴天或者调峰发电。此外，为了保障运行效率，抛物面槽式必须使用利于维持高温的真空管作为集热部件，而集热塔式可以使用非真空的集热器进行光热转换，因此热交换部分的寿命优于依赖于真空技术的抛物面槽式系统。抛物面槽式和线性菲涅尔式对于地面坡度的要求也比较高，一般地面坡度不得超过1%。而集热塔式对于地面坡度的要求则会稍为灵活一些。

问题与思考

1. 抛物面槽式和线性菲涅尔式光热发电系统的相同点有哪些？不同点有哪些？
2. 试比较塔式光热发电系统和抛物面槽式光热发电系统的异同。
3. 从是否需要储热来对四种光热发电系统进行评价。

光热发电趋势和政策形势

光伏发电和光热发电都是太阳能发电的重要方式，光热发电的优势在于：发电稳定，上网友好，利于规模化发展，无污染，技术成熟，装机容量大，发展前景良好。太阳能光热发电技术已有超过30年的商业应用经验，已经在全球十几个国家应用，美国、西班牙、印度、沙特阿拉伯王国、阿拉伯联合酋长国及南非等国家将其确定为未来国家基础电力的供应方式。国际太阳能应用专家也认为太阳能光热发电将取代传统的热电及核电的地位，是传统能源发电的最佳替代、未来能源应用的首选。

国际能源署（IEA）在2011年底的太阳能发展报告中指出，在2030年之后，太阳能发展的限制因素不再主要取决于直接产能成本，而是其波动性、占用土地、低能量密度以及相比于化石燃料的可运输性。到2060年，在所有必要政策得以快速实施的情况下，太阳能将能够满足全球一半的电力需求，超过二分之一的终端能源需求，而其中一半以上是采用光热发电技术，光热发电的空间和前景十分广阔。

国际能源署光热发电的前景分析如图7-1所示。

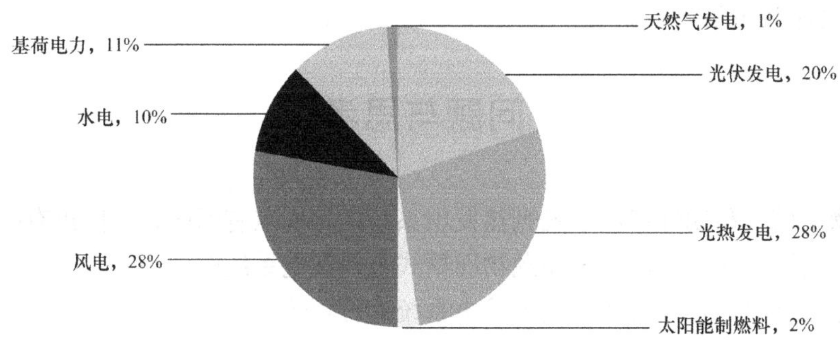

图7-1　国际能源署光热发电的前景分析

第一节　国内外光热发电发展现状和趋势

一、国内光热发电的发展

我国光热发电技术研究始于20世纪70年代。1978年中科院电工研究所成立了太阳能热发电测控实验室。以后的研究可大致分为三个阶段：

“八五”到“九五”期间为第一阶段，当时国家支持相关科研单位研制槽式太阳能聚光器。“十五”为第二阶段，依托 863 计划进行了碟式斯特林太阳能热发电研究，研制成功了 1kW 碟式斯特林发电系统，2005 年在南京建立了太阳能与燃气联合的 70kW 塔式发电系统。“十一五”为第三阶段，2006 年启动了 863 重点项目“太阳能热发电技术及系统示范”研究，并开始建设 1MW 八达岭太阳能塔式热发电实验示范电站，2009 年启动了 973 重点项目“高效规模化太阳能热发电的基础研究”，在太阳能高温选择性涂层技术、太阳能高温传热蓄热、太阳能聚光方法、太阳能热电转换技术等方面有了较大的进步。

华电集团于 2007 年在河北廊坊建设 200kW 的槽式太阳能热发电试验台，是国内最早开展槽式太阳能热发电试验研究的大型企业。2009 年中金盛唐设计建造了两列 120m 集热器及成套集成的热发电系统。2011 年 1 月我国第一个太阳能热发电工程项目——鄂尔多斯 50MW 太阳能热发电项目特许权招标结束，大唐集团以 0.94 元的电价中标，标志着我国太阳能热发电商业化市场的正式启动。2011 年 6 月中国国电集团 180kW 吐鲁番槽式热发电项目建成试运行。2012 年 1 月益科博能源科技有限公司采用“模块定日阵”聚焦光热发电技术在三亚建设的 1MW 太阳能热发电示范项目发电成功。2012 年 8 月延庆八达岭太阳能塔式热发电实验示范电站发电试验成功。2012 年 8 月浙江中控多塔式太阳能热发电示范系统成功产汽。2012 年 10 月，华能在海南三亚建成我国首个 1.5MW_{th}㊀菲涅尔式光热联合循环混合电站。

至 2015 年底，全国光伏发电装机容量为 4318 万 kW，太阳能热利用面积超过 4.0 亿 m^2，应用规模位居全球首位。

二、国外光热发电的发展

截至 2011 年 7 月，国外在运行状态的光热发电站（包括示范电站）共 42 座，装机容量总计 1394MW。其中，西班牙境内共有 21 座，约占总装机容量的 61.1%，总占地面积约 3002 万 m^2；美国境内共有 17 座，约占总装机容量的 36.5%；德国、以色列、意大利和埃及境内分别有一座。

2010～2013 年，全球光热发电的装机容量快速增长。2009 年底全球装机容量仅为 700MW，2013 年底全球总的并网光热发电的装机容量达 3320MW。截至 2014 年 4 月底，全球装机容量已接近 4000MW。

在已经投入运行的光热发电站中，槽式技术是应用最多的技术形式，约占总装机容量的 87.9%，主要原因是始建于美国的 SEGS 槽式发电站持续盈利运行至今，槽式光热发电技术被证明是目前世界上最成熟的光热发电技术，投资风险相对较小。

截至 2013 年，国外正在建设中的光热发电站的装机容量约 2.747GW，其中美国在建装机容量 1.4GW，西班牙在建装机容量 1.3GW。槽式和塔式两种技术形式的应用比例开始接近，分别为 49.2%和 42.5%。全球处于规划中的光热发电装机容量约 30GW，分别位于

㊀ MW（兆瓦）为装机容量单位，后加“th”表示热功率，简写为“MW_t”。

美国、西班牙、澳大利亚、泰国、印度、意大利、摩洛哥、阿尔及利亚、埃及、阿拉伯联合酋长国、法国、伊朗、希腊和中国等国家。

不同太阳能光热发电技术形式所占比例如图 7-2 所示。

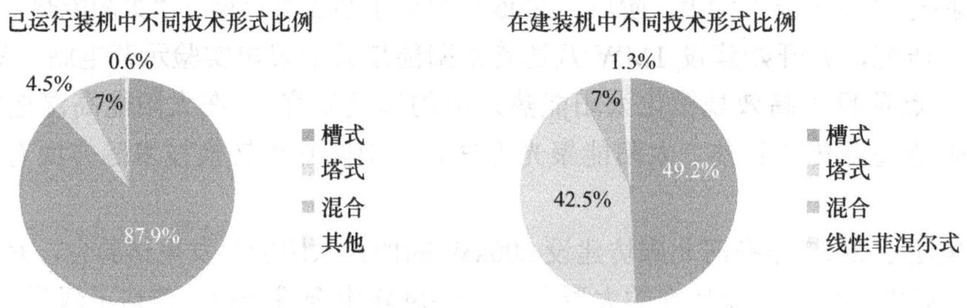

图 7-2　不同太阳能光热发电技术形式所占比例

三、我国光热发电产业发展现状及面临的问题

经过多年的技术研究，我国在太阳能聚光、高温光热转换、高温蓄热及大规模热发电站系统集成等多方面取得了巨大的发展，尤其近几年国内太阳能光热产业发展十分迅速。目前国内已基本可生产光热发电的关键设备。

1. 真空集热管

真空集热管是槽式光热发电的核心设备，由玻璃外管、金属内管、金属端盖、可伐合金件及卸载波纹管等零部件组成。加工制作此产品需解决以下技术难题：一是金属内管热膨胀的安全卸载波纹管，二是玻璃-金属封接技术，三是长久的真空度的保证，四是热吸收涂层的加工。

2. 反射镜

目前槽式反射镜普遍采用 20 世纪 80 年代在美国加州建立的 SEGS 槽式发电站所使用的 4mm 低铁浮法玻璃镜。目前较为成熟的反射镜供应厂家主要有德国 FLABEG 公司、西班牙 Rioglass 公司及法国 Saint-Gobain 公司等。国内的相关厂家主要有山西利虎玻璃（集团）公司、浙江大明玻璃有限公司、北京金格兰石英玻璃有限公司及秦皇岛瑜阳光能科技有限公司等。目前国内厂商在生产工艺、生产设备等方面与国外成熟技术差距不大。

3. 跟踪控制系统

跟踪控制系统是保证太阳能聚光器准确工作的重要环节，目前国内跟踪控制系统尚无商业化运行的实际项目，国内的跟踪控制系统主要停留在研究阶段。从事跟踪控制系统的主要厂家主要有国电南京自动化股份有限公司、浙江中控技术股份有限公司、北京国电智深控制技术有限公司、上海英赫特安自动化系统工程有限公司。

4. 关联设备

关联设备主要指以下四种：一是槽式技术的镜场驱动设备，有相关业绩经验的厂家有华电郑州机械设计研究院（华电廊坊槽式实验系统的液压驱动装置）、皇明太阳能股份有限

公司（中科院电工研究所八达岭太阳能实验示范电站系统）。二是熔融盐泵，国内生产的熔融盐泵主要应用在制铝行业，目前尚无在光热发电上商业化运营的项目。三是换热器，厂家主要有哈尔滨汽轮机厂辅机工程有限公司和江西江联能源环保股份有限公司。四是汽轮机，国内的厂家主要有哈尔滨汽轮机厂和杭州汽轮机厂，其中杭州汽轮机厂的 1.5MW 汽轮机已经应用在中科院电工研究所八达岭太阳能实验示范电站上。

5．系统集成

整个光热发电站的全系统集成方面，国外拥有全系统集成实力的公司主要有西班牙的阿本戈公司和德国的西门子公司，这两家公司的实力很强，在欧美已经开发的诸多电站中业绩斐然。目前国内尚无一家公司具备完成整个光热发电站的全系统集成的实力。但由于光热发电站的系统由常规发电岛系统和太阳岛系统构成，常规发电岛系统和火电类似，我国已经具备了完备的设计、施工、装备制造、运营等经验，只是需要掌握太阳岛部分的技术。

6．储热系统

储热系统是光热发电区别于光伏发电的主要优势之一，可以平滑电力系统输出，作为光热全系统集成的一个子系统，储热技术具备重要的地位。国外已运行电站有储热容量可供 7h 运行的，甚至有储热容量可供全天运行的，储热技术成熟。但国内目前尚无一套完整、经过运营的储热系统，国内还处于技术研究阶段。

四、光热发电发展趋势分析

目前光热产业还处于刚刚起步的阶段，由于光热有着不同于光伏的特点和时机，预计光热将会形成与光伏不同的产业格局，总体形成从材料到制造、从系统集成再到最终应用的完整的清洁能源产业链。

1．政策将更加积极、稳健

对于新兴产业来说，政策扶持往往是商业化启动的关键。由于有了风电和光伏发电两个较早启动的可再生能源产业发展的经验和教训，可以预期政府在光热发电政策制定和执行上将更加成熟和稳健，也可能将更为积极。

2．应用市场率先启动，拉动上游供应链配套产业

我国光伏制造起步于 2004 年，但 2009 年 3 月才开始首个光伏发电站招标，2009 年 10 月才有首个 10MW 级发电站并网，市场应用严重滞后。而 2011 年鄂尔多斯项目特许权招标，标志着光热是在产业发展初期就启动应用市场，产业起于应用而非制造。

3．行业门槛高，央企、地方国企和大型民企将是主导者

光热发电的一大优势是规模效应，可商业化运营电站的装机容量至少是 50MW，初期投资至少也在十亿规模以上，而且投资回收期长。除了资金门槛，电站系统复杂，整体集成、建设以及运营的要求都较高，大型传统发电集团更具有优势。

4. 太阳能中低温利用和火电等传统产业奠定了光热产业良好的基础

光伏是新兴产业，我国目前尚未完全掌握多晶硅提纯等核心技术。但光热很多组件是传统产业或传统产业的延伸，包括太阳能中低温热利用、传统火电等，有着良好的产业基础，且有火电站运营经验，产业基础条件好于当年的光伏。

5. 短期内不会迎接产业转移

中国光伏产业的迅速规模化始于国外企业将光伏制造环节大规模转移至中国，但光热制造环节没有环境污染压力，部分国外企业的进入主要是看好中国市场，就目前的市场来看，短期内还没有技术转让或产能转移的动力。这也为中国的企业更好地布局光热产业提供了时间。

6. 可能的产业模式

因资金实力雄厚，拥有火电站建设运营的成熟经验，具备先天无与伦比的优势，电力巨头将成为主要推动者和主导者；因光热对电网的友好性，相对于风电、光伏等其他可再生能源，光热更能受到电网公司的欢迎，从而更具市场应用条件；民企可能选择产业链上一环或者与电力巨头合作。进而形成几大电力集团投资，核心供应商提供关键部件和EPC等技术支持，相关企业提供基础零部件和材料支持，电网公司购电并网，在国内可实现全产业链的供需平衡的产业格局。

第二节　光热发电激励政策分析

可再生能源的发展离不开政府的鼓励与引导，相关政策的扶持对光热发电的发展至关重要。

一、我国光热发电政策

虽然目前我国未出台直接鼓励光热发电的政策，但相关法律法规为光热发电的发展提供了法律保障。

《电力法》《节约能源法》《建筑法》《大气污染防治法》《清洁生产促进法》和其他相关的法律法规都涉及了可再生能源的发展问题。2005年，与可再生能源最为息息相关的《可再生能源法》正式出台，2009年重新修改并于2010年4月生效。另外，国务院和相关部委出台了一系列相关规定，如《可再生能源发电有关管理规定》《可再生能源发电价格和费用分摊管理试行办法》《可再生能源电价附加收入调配暂行办法》以及《可再生能源发展专项资金管理暂行办法》等，旨在通过提供行业发展指导方针，加快电价改革，制定量化目标，实施税收优惠政策和补贴，以及建立专项基金以支持可再生能源的发展。《可再生能源法》要求电力行业以具有吸引力的固定价格购买所有的可再生能源所发的电力，超出的额外成本将由所有消费者分摊。为了保障可再生能源电力的入网收购，修改案中进一步提出了保障性全额收购制度，同时建立可再生能源发展基金以支持可再生能源开发利用和并网的科学技术研究，从根本上解决可再生能源发展的瓶颈问题——电力入网。

2007 年 9 月，中华人民共和国国家发展和改革委员会公布了《可再生能源中长期发展规划》，提出了中国可再生能源在一次能源消耗中的比例在 2010 年达到 10%，2020 年达到 15%的目标。《可再生能源中长期发展规划》要求权益发电装机总容量超过 500 万 kW 的投资者，必须投入资金进行可再生能源的研究和开发，其所拥有的非水电可再生能源发电的权益装机总容量，在 2010 年达到其权益发电装机总容量的 3%以上，在 2020 年达到 8%以上；对于大电网覆盖的地区，非水电可再生能源发电在电网总发电量中的比例，在 2010 年达到 1%，到 2020 年达到 3%以上。

《可再生能源“十三五”规划》（本段后文简称“规划”）为光热发电提出了明确的目标。规划指出，“按照‘技术进步、成本降低、扩大市场、完善体系’的原则，促进光伏发电规模化应用及成本降低，推动太阳能热发电产业化发展，继续推进太阳能热利用在城乡应用。到 2020 年底，全国太阳能发电并网装机确保实现 1.1 亿 kW 以上”。就光热发电而言，规划指出要“因地制宜推进太阳能热发电示范工程建设”，并指出：按照总体规划、分步实施的思路，积极推进太阳能热发电产业进程。太阳能热发电先期发展以示范为主，通过首批太阳能热发电示范工程建设，促进技术进步和规模化发展，带动设备国产化，逐步培育形成产业集成能力。按照先示范后推广的发展原则，及时总结示范项目建设经验，扩大热发电项目市场规模，推动西部资源条件好、具备消纳条件、生态条件允许地区的太阳能热发电基地建设，充分发挥太阳能热发电的调峰作用，实现与风电、光伏的互补运行。尝试煤电耦合太阳能热发电示范的运行机制。提高太阳能热发电设备技术水平和系统设计能力，提升系统集成能力和产业配套能力，形成我国自主化的太阳能热发电技术和产业体系。到 2020 年，力争建成太阳能热发电项目 500 万 kW。

二、国外光热发电的扶持政策

为了克服光热发电初始投资高的缺点，刺激投资并获得合理的利润，世界各国普遍采用低利率贷款、税收以及上网电价等调节和补贴手段。这些政策对光热和其他可再生能源的发展都起到了极大的推动作用。此外，部分国家还推动制订专项法律，以降低行政规章在短时间内变动的不确定因素，增加政策稳定度，提升民间投资意愿。

1. 投资补助

由于可再生能源发电的投资庞大，由政府来提供一定比例的投资补助（通常为 20%～50%）可有效降低初期的投资成本，通常低息贷款被视为投资补助方式之一。投资补助的优点为可在短期内刺激投资意愿，缺点为政府采购通常无法保证设备质量。这种激励措施一般无法鼓励技术的研发。针对光热发电，投资补助可作为推动其初期发展使用的短时效手段。

2. 税赋抵减

政府提供给企业一定的税赋抵减，可鼓励可再生能源的投资。美国是这种政策最主要的施行国家。对企业而言只要是具有投资效益，上网固定电价或是税赋抵减并没有太大的差异。但是就政治及社会角度而言，上网固定电价的补贴是由电力用户支付，而税赋抵减却是由当地所有的纳税人来承担，可能有失使用者付费的原则。

3. 可再生能源发电配比

为了鼓励电力和电网企业使用可再生能源来替代传统的能源结构，政府以规划的方式，规定电力和电网企业在一定期限内所必须达到的可再生能源发电配比。美国是主要使用这种机制的国家，在联邦层面上，对可再生能源的激励政策主要就是上面所提到的税赋抵减政策，在州政府层面上，主要使用的调节手段则是可再生能源发电配比。由于配比只规定了市场份额，政府并不干涉市场的自由运行，因此有效刺激了可再生能源在自由竞争的基础上，达到份额的同时，价格低廉。

4. 上网固定电价

政府依据可再生能源成本等因素，制定可再生能源的上网固定电价及收购年限，从而提供企业长期而稳定的投资保障。固定收购价格是目前欧洲最广泛采用的机制。其最大优点是简单明确，大幅降低投资风险，并可间接鼓励技术提升与有效管理。其缺点为缺乏弹性，价格一旦在一定时期内固定后，将不能应对经济环境中出现的变化，从而引起投资风险。例如融资利率提升导致经济效益减少，将降低业者投资意愿。西班牙是利用此机制而大力发展光热发电的典范。

5. 固定补贴价格

固定补贴价格是固定收购价格的一种变化机制。比如说环境津贴，该机制可以反映出传统化石能源的环境成本，让可再生能源在自由市场上公平而有效地竞争。

6. 竞标系统

由政府公告可再生能源容量目标，开放投资者竞标，由每单位电价低者得标。由于各种可再生能源发电成本有所差异，因此竞标的对象为单一可再生能源种类。竞标系统最大的优点为以市场的力量降低可再生能源的发电成本，但实际执行时却面临着低价竞标后却不兴建的风险。因此竞标系统的合理设置是保障其实际操作可行性的关键。

7. 可交易绿色凭证系统

政府规定电力公司可再生能源发电配比义务，即电力公司一定比例的电力需来自可再生能源，可以自产，向可再生能源发电企业收购，或向其他电力公司以绿色凭证方式交易。英国、瑞典、比利时、意大利及日本都采用该机制。其主要优点在于电力公司为满足可再生能源发电配比义务，经由自由交易市场决定可再生能源的价格，可较真实反映可再生能源的成本，并间接鼓励技术的提升、降低成本及增加市场竞争力。其缺点为该机制颇为复杂，投资风险较高。

三、太阳能光热发电政策建议

经过多年的发展，光热发电行业目前进入商业化发展的初级阶段。在这个阶段，需要建设光热发电示范电站，通过前期国家立项和某种形式的投资或设备补贴，使太阳能集热技术日趋成熟，投资中的技术风险降低。

应积极推动不同类型的光热发电示范电站的建设，一方面为国内各种光热发电技术提

供进行技术验证、装备制造、产品验证的平台，积累建设经验；另一方面通过不同类型示范电站的建设，了解不同光热发电技术、不同区域的技术与经济适用性，为以后我国光热发电发展乃至标杆式上网电价的确立提供可以借鉴的经验和范例。在此时期，国家需要使用上网固定电价、税赋抵减、固定补贴价格等政策，确保对光热发电产业的支持。

现阶段出台统一的电价政策时机还未成熟，主要原因有：一是光热发电技术类型较多，发展程度不尽相同，成本也不同，这些技术还未在国内得到验证，哪一种技术更适合中国的自然环境特点，更适合在中国进一步发展还需要论证；二是国内现有的装备生产水平、产品质量还没有完全成熟，整个标准体系还没有建立，现有的产品价格水平也还没有成熟；三是各地太阳能资源存在差异。因此，现阶段，仅就电价来说还是“一事一议”，成本加利润的模式较为合理。

建议参照风电、光伏等其他新能源产业，对光热发电采取在融资、投资、税收等方面优惠的方式作为激励太阳能光热发电发展的手段。

投资方面，可以参考光伏发电的太阳能屋顶计划和金太阳示范工程这样的投资补贴政策，进行一定比例的投资补助。对于像光热发电站这样初始投资成本高、后期运行成本低的产业来说，不仅降低了企业最初的融资风险，且每年由于贷款的减少，财务费用也会大幅度减少。此外给予专项投资补贴，融资上国家给予担保，开放优惠贷款等。

税收方面，国家近年对于新能源企业，无论是在投资阶段还是在运营阶段，都有专门的政策出台予以优惠。在投资阶段，无论是内外资企业，在购买进口设备时都有免关税和进口环节增值税的优惠政策，外资企业如果购买国产设备可退增值税；购买与环保节水等有关的专用设备投资额，可按照一定比例实行税额抵免等。在运营阶段，太阳能集热发电企业可享受三免三减半的税收优惠等。

此外，由于光热发电项目属于新能源电站建设，属于国家鼓励项目，建议地方政府也能给予一定的鼓励和扶持，如土地政策给予优惠、地方税收留存部分适当返还、申请财政专项资金扶持等。

第三节　光热发电的长远意义

我国是世界最大的碳排放国之一，为应对世界气候变化，我国减少碳排放的任务较重，“十三五”期间单位 GDP 能耗要降低 15%，单位 GDP 二氧化碳排放要降低 18%。2020 年非化石能源占能源消费总量的比重提高到 15%以上。我国应该加快发展太阳能光热发电和开发太阳能的热利用，这是最直接有效的减少能源消耗、改善环境的重大举措。

发展太阳能光热发电，还可以减少对进口能源的依赖度，维护国家的能源安全。2015 年我国进口石油 3.34 亿 t，我国对进口石油的依赖度超过 60%。随着消耗的增加，进口依赖度还会上升。太阳能是可再生能源，取之不尽、用之不竭，发展太阳能有利于摆脱对进口能源的依赖，有利于维护国家能源安全，具有重要的战略意义。

发展太阳能光热发电，是我国经济发展的有效支点。调整产业结构是我国经济发展的战略决策，战略型新兴产业发展将进一步加快，太阳能光热发电产业由于产业链长，在发展过程中可拉动钢材、铝材、玻璃、水泥、矿料、电料、耐火、保温、机电、机械及电子等十几个行业的发展，成为经济发展的新方向、新支点和新动力。总之，加快推进我国太阳能光热发电技术的营运和太阳能的热利用，无论对当前的经济社会发展、产业结构调整、优化和改善环境，还是对国家的能源安全、国防安全等长远利益都具有重大的现实意义和深远的历史意义。

本章小结

太阳能光热发电的优势在于发电稳定，上网友好，利于规模化发展，无污染，技术成熟，装机容量大，发展前景良好。

经过多年的技术研究，我国在太阳能聚光、高温光热转换、高温蓄热及大规模热发电站系统集成等多方面取得了巨大的发展。新能源的发展离不开政策的支持，《可再生能源法》等相关法律法规为太阳能光热发电的发展提供了法律保障。《可再生能源发展“十三五”规划》为太阳能光热发电提出了明确的目标。国外太阳能发电的扶持政策主要集中在投资补助、税赋抵减、可再生能源发电配比、固定补贴价格及构建可交易绿色凭证系统等。

目前，太阳能光热发电行业刚刚进入商业化发展的初级阶段，可以通过国家立项等形式进行投资或设备补贴、建设太阳能光热发电示范电站，降低投资中的技术风险，起到示范引领效应。

太阳能光热发电产业由于产业链长，在发展过程中可拉动钢材、铝材、玻璃、水泥、矿料、电料、耐火、保温、机电、机械及电子等十几个行业的发展，成为经济发展的新方向、新支点和新动力。加快推进我国太阳能光热发电技术的营运和太阳能的热利用，无论对当前的经济社会发展、产业结构调整、优化和改善环境，还是对国家的能源安全、国防安全等长远利益都具有重大的现实意义和深远的历史意义。

问题与思考

1. 国外太阳能发电的扶持政策都有哪些？我国该如何借鉴？
2. 近几年国内光热产业发展十分迅速，国内哪些光热发电关键设备制造得到了快速的发展？
3. 国内出台了哪些光热发电政策？

第八章 光热发电站实例

2009 年底全球投运的光热发电站装机容量为 668.15MW，截至 2010 年，全球已投入运行的光热装机容量达 988.65MW，其中，槽式占 94.57%，塔式次之，占 4.37%。从已投运光热发电站的国家分布来看，美国和西班牙领先。

国内方面，近年来，光热发电在太阳能发电政策规划中的地位开始显著提升。伴随着光热发电在中国能源结构中战略地位的提升，光热发电行业有望获得更多政策倾斜，随之而来的是光热发电产业化进程加快。2016 年，我国的光热发电装机容量达到 3GW 左右，市场总量达 450 亿元人民币。预计到 2050 年，光热发电装机容量和市场总量还将大幅增长。

目前太阳能产业中主要是光伏产业，但光伏存在污染重、原材料在外且价格高，且光转化率较低的问题。但光热却完全没有这些问题，无污染，且光热能储存，而电不可以储存。

本章主要阐述国内外已投入商业运营的或示范性的各种典型光热发电站的建设时间、投资情况、规模、技术参数、经济和社会消息等。

第一节 全球典型光热发电项目

根据收集太阳辐射方式的不同，光热发电技术可分为集热塔式（塔式）、抛面槽式、碟式和线性菲涅尔式。聚光比是区别这几种聚光型光热发电技术的主要指标。聚光比是聚集到吸热器采光口平面上的平均辐射功率密度与进入聚光场采光口的太阳法向直射辐照度之比。聚光比和光热发电系统效率（光-电转化效率）具有显著的正相关关系。以上四种技术类型中碟式光热发电的聚光比最高，大约 600～3000。

全球主要商业化塔式光热发电项目一览见表 8-1。

表 8-1　全球主要商业化塔式光热发电项目一览

国家	电站名称	装机	基本情况简介
以色列	Ashalim	121MW	Alstom 和 Bright Source Energy 联合体中标该项目，中标电价约 1.26 元/kWh
美国	Palen	500MW	Abengoa 和 Bright Source Energy 合作开发
南非	Khi Solar One	50MW	Abengoa 开发，采用 DSG 技术，配 3h 蒸汽储热

（续）

国家	电站名称	装机	基本情况简介
中国	中控德令哈	50MW	中控太阳能开发，采用模块化技术，单塔 5MW
美国	Crescent Dunes	110MW	Solar Reserve 开发，10h 储热
美国	Ivanpah	392MW	Bright Source Energy 开发，由 3 个塔式发电站构成，装机分别为 126MW、133MW、133MW
美国	Coalinga	29MW	Bright Source Energy 为雪佛龙开发的太阳能辅助石油萃取项目
美国	Sierra Sun Tower	5MW	eSolar 开发建设的模块化塔式发电站，由两个 2.5MW 的发电站组成
西班牙	PS10	11MW	Abengoa 开发，采用 DSG 技术，配 1h 蒸汽储热
西班牙	PS20	20MW	Abengoa 开发，采用 DSG 技术，配 1h 蒸汽储热
西班牙	Gemasolar	20MW	Torresol Energy 开发，15h 储热，可 24h 发电

注：资料来源于中国产业信息网。

已建和在建的光热发电项目中，装机容量占比最多的是槽式技术，在全球已建发电站中占比达到了 95%。主要原因在于相比之下，塔式光热发电系统虽然效率更高，但技术难度和建设成本也相应更高；线性菲涅尔式目前规模较小，效率不高；碟式系统效率虽然最高，但技术难度大，且不适用于储能设计，因此应用有限。实践证明，当前槽式光热发电技术是最实用、最成熟、成本效益最突出的，但塔式技术正在不断地发展和完善当中，具有更大的成本下降空间，发展潜力更好。因此，在未来的数年内塔式和槽式会是光热发电的主流技术。

全球光热发电产业正在兴起，装机容量逐年增加，但我国在光热发电关键技术的研究上明显落后于先进国家，光热发电产业发展明显落后于美国、西班牙等国家。

西方主要的几个光热发电产业发达的国家早前就已经相继制定了相关的扶持政策支持光热的发展，伴随着这些政策的效果逐步显现，从 2007 年开始，全球光热发电年新增装机容量成倍增长，到 2011 年全球光热装机容量达到 1300MW，在建 3000MW，主要集中在美国和西班牙。

各国光热发电已建装机占比见表 8-2。

表 8-2　各国光热发电已建装机占比

国家	占比
西班牙	53%
美国	40%
中东	6%
其他	1%

注：该资料来源于国际能源署（IEA）。

第二节　美国典型光热发电项目

一、美国伊万帕（Ivanpah）发电站（392MW）

2014 年 2 月，当时全球装机容量最大的光热发电站——美国加利福尼亚州的伊万帕（Ivanpah）塔式光热发电站正式宣布并网投运。最新消息显示，该电站的发电能力正逐步

提升，其对鸟类的影响也低于预期。这个发电站虽然上线时间不长，但技术上已经是旧式的了，发电站背后支持的企业已经在考虑对设备设施进行升级。图 8-1 所示为伊万帕光热发电站一角。

图 8-1　伊万帕光热发电站一角

三座 137m 的塔建立在莫哈维沙漠，被 17.35 万个定日镜（反射光到三座塔上并跟踪日照方向的反射镜）环绕，目前为 14 万户加州家庭提供清洁能源，Ivanpah 产生美国所有太阳能热的 30%左右。公共部门太平洋燃气和电力公司（Pacific Gas and Electric）将从 Ivanpah 的两个单元购买电力，作为长期购电协议的一部分，另一单元将向南加州爱迪生电力公司（Southern Califronia Edison）出售电力。预计该项目的寿命为 30 年。该项目由 NRG Solar 和太阳能热技术公司 Bright Source Energy 开发，谷歌（Google）公司提供部分融资。Bechtel 完成设计、采购和施工。NRG Solar 将维护及运营该发电站。图 8-2 所示为伊万帕光热发电站远景图，图 8-3 所示为伊万帕光热发电站俯视图。图 8-4 所示为伊万帕光热发电站跟踪系统，图 8-5 所示为伊万帕光热发电站结构图。

图 8-2　伊万帕光热发电站远景图

美国建成的全球最大的塔式光热发电站项目——Ivanpah 塔式太阳能光热发电站项目，其装机总容量为392MW，是全球塔式光热发电站的标志性项目。美国原总统奥巴马曾在他的演说中强调，Bright Source Energy 公司的 Ivanpah 的项目是创造良好就业机会，协助国家达到清洁能源目标的政策之实践典范。该项目情况见表 8-3。

图 8-3　伊万帕光热发电站俯视图

图 8-4　伊万帕光热发电站跟踪系统

图 8-5　伊万帕光热发电站结构图

表 8-3　伊万帕光热发电站情况表

开发商	Bright Source Energy
技术形式	塔式
地理位置	位于内华达州和加州交界处
太阳能辐照度/kWh/m²/a	2717
年发电量/ GWh	1079
设计装机容量/MW	392（由 3 个塔式发电站构成，装机分别为 126MW、133MW、133MW）
单套定日镜系统面积/ m²	15
定日镜系统数目	173500
定日镜厂商	Guardian
总采光面积/ m²	2600000
传热介质	水
集热塔高/ m	137
接收器厂商	Riley Power
储热系统	无
蒸汽轮机供应商	西门子 SST900
太阳能跟踪驱动控制系统供应商	Cone Drive
冷却方式	空冷
20 年 PPA（购电协议）签署方	南加州爱迪生电力公司、太平洋燃气和电力公司
总投资	22 亿美元（NRG Energy 投资 3 亿美元，谷歌投资 1.68 亿美元，美国能源部提供 16 亿美元贷款担保）
投入运行日期	2014 年 2 月

该项目耗资 22 亿美元，其中 16 亿美元来自美国能源部的贷款。项目于 2010 年 10 月开始，在建设期间创造数千就业岗位，并于 2014 年 2 月开始投入商业运营，目前三个单元都并网为加利福尼亚州供电。Ivanpah 证明公共事业规模的光热发电不仅可行，而且对于经济和我们生产及消耗能源的方式具有难以置信的利益，改变了能源格局。这一世界级项目的建成对于光热发电是一个重要的转折点。

二、美国新月沙丘发电站

新月沙丘发电站（图 8-6）是全球目前最大的塔式熔融盐发电站，装机 110MW，配 10h 储热系统，预计商业化运行后年发电量达 50 万 MWh，足够供应 75000 户普通家庭的日常用电需求。

新月沙丘发电站位于著名的“赌城”拉斯维加斯北部，从市区到发电站的车程约 3h 左右。内华达州最大的电力公共事业公司 NV Energy 公司为该发电站的电力承购方，购电年限为 25 年，协议电价仅为 0.135 美元/kWh，电价将每年上涨 1%。

2014 年 2 月 12 日发电站主体工程建设完成，很巧的是，就在其宣布主体工程建设完工后的第二天（2014 年 2 月 13 日），包括美国能源部部长 Ernest Moniz 在内的众多行业人士出席了在加利福尼亚州和内华达州交界处举行的全球最大光热发电站 Ivanpah 塔式发电站的投运典礼，Ivanpah 发电站位于新月沙丘发电站南部 338km。

上述两个大型光热发电站都享受到了美国能源部的贷款担保支持，贷款金额分别为16亿美元（Ivanpah）和7.37亿美元（新月沙丘）。此外，这两个项目也都享受到了30%的联邦投资税收抵免（ITC）政策的支持。

由于得到了美国政府给予的大力支持，这些位于沙漠地区的大规模光热发电项目也被许多人密切关注着。因为它们所采用的塔式光热发电技术被人们认为是可以与成本更加低廉的光伏发电技术一较高下的最有希望的CSP技术。

新月沙丘发电站相比于Ivanpah发电站具有储热系统的优势，有可能会对改善塔式光热发电技术在人们心中的形象起到一定的作用。Ivanpah发电站投入运行初期遭到公众比较强烈的质疑，因为其威胁鸟类生存安全和未达到预期发电量的低迷表现，暴露出塔式光热发电技术的缺陷。

从一定角度来看，避免重演Ivanpah发电站投运以来的曲折之路，或许是新月沙丘发电站花这么长时间进行调试的主要原因。

Solar Reserve首席执行官Kevin Smith曾表示："我们承认，Ivanpah发电站频遭打击确实使我们变得更加谨慎。"但是Kevin Smith很快补充，Solar Reserve采用的储热技术来自于从事液体燃料火箭发动机设计研发的普惠洛克达公司，技术先进性和可靠性是毋庸置疑的。

Ivanpah发电站投运初期的生产问题被披露以后，该项目的几大股东Bright Source Energy、NRG和Google等一致表示，他们认为Ivanpah发电站的三个发电单元要经过4年的过渡运行期后，才能达到预期的各项性能参数。但是Solar Reserve认为新月沙丘发电站不会这样"慢"。

Kevin Smith表示："我们预计新月沙丘发电站将在投运的一年内各项指标都能达到预期，我们并不需要4～5年的过渡期。"

新月沙丘发电站的各项指标目标：年发电量达到50万MWh，电站容量因子为52%（Ivanpah发电站前11个月的容量因子为14%左右）。

谈到发电站对于野生动植物生存环境的威胁问题，Kevin Smith认为新月沙丘具有一定的选址优势，因为它位于Tonopah城市之外。Kevin Smith解释道："这是一个比较偏远的地区，对于鸟类来说，这里并没有充足的食物，而且这里的野生动物非常少。新月沙丘发电站在调试过程中没有发现任何有关威胁鸟类生存的问题。"

新月沙丘发电站如图8-6和图8-7所示。

图8-6　新月沙丘发电站（一）

图 8-7　新月沙丘发电站（二）

在储能方面新月沙丘发电站比 Ivanpah 发电站领先了一大步。因为对于电网来说，越来越多的间歇性电力入网对电网的冲击也逐渐成为需要解决的一道难题。

而相比于 Ivanpah 发电站直接采用水工质推动汽轮机发电的技术路线来说，新月沙丘发电站采用长时间的熔融盐储热系统使发电站不但可以直接生产水蒸气进行发电，还可以将热量储存起来用于多云天气或者夜间发电，大大提高了输出电能的稳定性。同时，10h 储热系统的配置使得新月沙丘发电站可以不像 Ivanpah 发电站一样需要使用天然气进行补燃。

以位于亚利桑那州、装机规模为 280MW 的 Solana 发电站为对照，该电站由阿本戈集团开发，采用了槽式光热发电技术，并伴有 6h 储热系统，通过导热油生产水蒸气进行发电或将热量传递给熔融盐进行储存。该发电站自 2013 年 12 月至 2014 年 11 月一年时间内，发电量达到了 3006385MWh。

相比于 Solana 发电站采用的导热油传热熔融盐储热技术，新月沙丘发电站的熔融盐运行温度可以提高约 300℉（150℃）以上（新月沙丘发电站的熔融盐工作温度为 550℃，Solana 发电站的熔融盐运行工作温度为近 400℃），这意味着 Solana 发电站用熔融盐换热两到三次所传递的热量新月沙丘发电站只需要换热一次，而且相比于 Solana 发电站，新月沙丘发电站的熔融盐罐、泵和熔融盐的使用量都大大减少。另外，Solana 发电站采用的多次换热的技术也使其热损增大，整体效率变得更低了一些。

事实上，Solana 发电站的开发商阿本戈集团也把目光转向了塔式熔融盐光热发电技术。他们认为在沙漠中建设塔式熔融盐储热系统要比建设槽式熔融盐储热系统成本更加低廉，他们还表示未来在沙漠地区开发的光热项目也很可能会采用塔式熔融盐储热的技术路线。

将来哪里还会开发含有大规模储热系统的光热项目呢？美国加利福尼亚州因为其积极的可再生能源配额制度而成为一个很好的候选，而且其不断增长的储能市场对于储能系统的需要也很迫切。但因为针对商业、工业和公共事业级太阳能系统 30%的联邦投资税收抵免（ITC）政策将于 2017 年末削减至 8%，一批伴有长时间储热系统的光热发电项目如阿本戈的 Palen、Solar Reserve 的 Rice 和 Bright Source Energy 的 Hidden Hills 等都不得不暂停开发。

Tehachapi 蓄电池储能项目可能是北美最大的蓄电池储能项目，但其耗资约 5000 万美元，电能存储能力仅为32MWh。反之，新月沙丘光热项目的储能能力可以达到1100MWh，可以实现10h全负荷电能输出，而新月沙丘发电站的总花费约为9.75亿美元，其中的储能系统的总投资可能仅占发电站总投资的20%～30%，相比较来说，储热系统在经济性上明显更加合算。

新月沙丘发电站的顺利投运加速了加州乃至美国政府对于储热技术的接受过程，甚至改变他们对于光热发电行业的支持和重视程度，并对全球光热发电市场起到重要推动作用。

三、美国光热发电站发展状况

Abengoa公司开发的Mojave槽式光热发电站于2014年12月正式并网实现商业化运行，该项目位于洛杉矶东北方向161km，装机280MW，净装机为250MW，年发电量可满足9万普通家庭的日常用电需求，年减排二氧化碳达35万t。该项目的建设也创造了数千工作岗位，建设期最多有超过2200名工人同时工作。该项目所发电能由太平洋燃气和电力公司承购，承购期为25年。

Abengoa的Solana光热发电站装机也为280MW，位于亚利桑那州。该发电站于2013年10月投运，是全球装机最大的导热油传热熔融盐储热槽式发电站，其储热时长达6h。

美国开发的大型光热发电站总共有五个，其中装机392MW的Ivanpah塔式发电站于2014年2月投运，装机280MW的Solana槽式发电站于2013年10月投运，装机250MW的Genesis槽式发电站于2014年4月投运，装机280MW的Mojave槽式发电站于2014年12月投运，装机110MW的Crescent Dunes塔式发电站也已于2015年1月投运。

美国五大光热发电站见表8-4。

表8-4 美国五大光热发电站

项目	Ivanpah	Crescent Dunes	Solana	Mojave Solar	Genesis Solar
所在地	加利福尼亚州	内华达州	亚利桑那	加利福尼亚州	加利福尼亚州
技术	塔式DSG	塔式熔融盐传热储热	槽式6h储热	槽式	槽式
构成	(126+133×2)MW	单塔110MW	140×2MW	140×2MW	125×2MW
总装机	392 MW	110MW	280 MW	280 MW	250 MW
占地	3500acre	1500acre	3100acre	1765acre	1950acre
EPC商	Benchtel	Cobra	Abener	Abener	Fluor
开发商	Bright Solar Google NRG energy	Cobra Santander Solar Reserve	Abengoa	Abengoa	Next Era Energy
冷却	干冷	干冷+水冷	水冷	水冷	干冷
投运	2014年2月	2015年1月	2013年10月	2014年12月	2014年4月
PPA承购商	太平洋燃气和电力公司 南加州爱迪生电力公司	NV energy	亚利桑那公共服务公司	太平洋燃气和电力公司	太平洋燃气和电力公司
融资	DOE16亿美元，Google股权融资1.68亿美元，NRG股权融资3亿美元	DOE7.37亿美元贷款担保，Cobra/Santander/Solar Reserve分别出资	DOE14.5亿美元贷款担保，Capital Riesgo Global股权融资1.25亿美元	DOE12亿美元贷款担保	DOE8.52亿美元贷款担保

第三节　国内典型光热发电项目

一、我国首个槽式+线性菲涅尔式聚光太阳能光热发电试验示范系统

由兰州大成科技股份有限公司、兰州交通大学、国家绿色镀膜技术与装备工程技术研究中心产学研创新联盟承担，历经三年时间研发的200kW槽式+线性菲涅尔式聚光太阳能光热发电试验示范系统于2012年5月9日下午，在位于兰州新区的兰州大成太阳能光热产业基地，顺利并网发电，有功功率超过150kW，当天并网发电量超过200kWh。同时，两组各150m长的槽式集热单元和两组各96m长的线性菲涅尔式集热单元也实现了集热产蒸汽，如图8-8和图8-9所示。

图8-8　建成的两组各150m长的槽式集热单元

图8-9　建成的两组各96m长的线性菲涅尔式集热单元

太阳能光热发电目前在我国还处于起步阶段。上述试验示范系统成功并网发电，以及槽式和线性菲涅尔式两种集热系统成功产汽，对我国太阳能中高温集热供能和光热发电具有重要意义。

上述聚光集热及发电项目是 2009 年列入中华人民共和国国家发展和改革委员会新增中央投资重点产业振兴和技术改造项目“大型槽式太阳能集热发电成套系统研发与示范”，也是列入甘肃省科技重大专项计划的项目，还列入了甘肃省企业技术创新重点项目。承担单位以研学产用无缝链接的创新机制为保障，以优秀的创新创业团队——“全国专业技术人才先进集体”“教育部长江学者创新团队”为核心，以用优秀成绩通过科技部验收的国家绿色镀膜技术与装备工程技术研究中心、甘肃省工信委批准建设的甘肃省国际太阳能利用技术中心、甘肃省发改委批准建设的甘肃省聚光太阳能工程研究中心为平台，以保障国家能源安全、提供核心技术和产业化经验为目标，刻苦实干，攻坚克难，完成了光热发电全部关键件研发制造、集热场及试验系统工程设计安装和调试，掌握了试验示范系统实际运行经验，并且结合项目建成了完整产业链：建成了一期年产 20000 支真空集热管的生产线；自主研发制造了 4m 集热管内管真空复合镀膜线；自主研发制造了大型聚光器真空（干法）镀银反射镜生产线等关键核心装备，在关键件及集热场领域已获得 6 件专利授权，掌握了槽式和线性菲涅尔式集热场核心技术，不仅具备了为几十兆瓦级槽式、线性菲涅尔式光热发电站集热场及换热系统供应全部关键件的产能，也具备了承担建设和调试大型集热场及换热系统的能力和宝贵经验。

二、延庆太阳能高温热发电站

北京延庆太阳能高温热发电站镜场于 2013 年 8 月安装完成，已进入满负荷正常运行阶段，是亚洲第一座塔式太阳能热发电站，现场如图 8-10 所示。该电站由中科院、皇明太阳能股份有限公司和华电集团等单位联合攻关，是中国首座自主知识产权光热发电站，是国家 863 计划项目，于 2006 年立项，2008 年获得发改委批准、允许并网发电，发电容量为 1MW，属于示范项目。发电站建成后，每年的发电量将达到 270 万 kWh，相当于 1100 余 t 标准煤产生的电量，可减排二氧化碳 2300 余 t、二氧化硫 21t、氮氧化合物 35t。皇明集团开发的延庆电场项目定日镜如图 8-11 所示。

图 8-10　北京延庆八达岭塔式太阳能热发电站

图 8-11　皇明集团开发的延庆电场项目定日镜

三、国内首座线性菲涅尔式中高温热发电站

由皇明太阳能股份有限公司独立出资，与中科院、华电集团技术合作，在太阳谷建成全球首座屋顶太阳能高温热发电站。发电站装机容量为 2.5MW，这是国内首座线性菲涅尔式中高温热发电站，如图 8-12 所示。

图 8-12　国内首座线性菲涅尔式中高温热发电站

四、国内首个太阳能商业化光热发电项目

2011 年 1 月 25 日，国内首个太阳能商业化光热发电项目——内蒙古鄂尔多斯 50MW 抛物面槽式太阳能热发电特许权示范项目中标结果揭晓，大唐新能源股份有限公司以 0.9399 元/kWh 的最低价中标。据悉，皇明太阳能股份有限公司将作为合作伙伴为该工程提供聚热管和工程建设。

五、全国光热发电站发展状况

光热发电行业在中国发展已有多年，尽管目前由于国家光热发电行业政策尚未出台还没有进行大规模发电站建设，但是国内外投资商、电力公司及业内设备厂商还是为中国光热发电行业的发展做了大量的准备工作，建立了一系列的示范试验项目。我国光热资源主要分布在西北部地区，光热可装机容量理论上可以达到16000GW。

截至2014年底，已建成运营的光热发电站共有约18MW，积累了丰富的光热发电站经验，同时我国企业已基本覆盖了光热发电站产业链上下游。2015年7月国务院提出张家口市2020年规划光热发电装机规模达1GW，“十三五”期间，光热发电全国装机量有望达到15GW，这将带来4500亿元的市场规模。

据统计，当前国内光热发电行业已经建成或正在规划和建设中的光热发电项目见表8-5。

表8-5　国内光热发电站项目

序号	项　目　方	项 目 名 称	备　　注
1	中广核太阳能	德令哈 1.6MW_{th} 槽式回路	2013年底完成
		德令哈 1.6MW_{th} 菲涅尔回路	2013年底完成
2	中控太阳能	德令哈 10MW 塔式示范电站	2013年7月5日19时27分并网发电
3	华能	三亚 1.5MW_{th} 菲涅尔式示范项目	2012年10月18日已投运
4	龙腾太阳能	内蒙古乌拉特中旗 600m 1.6MW_{th} 槽式回路	2013年9月完成
5	大唐&天威太阳能	甘肃嘉峪关大唐803燃煤电厂10MW光煤互补一期1.5MW项目	2013年9月完成
6	三花	三花内蒙古1MW碟式光热示范项目	2013年10月29日建成
7	鄂尔多斯华原集团、Cleanergy、宏海新能源	鄂尔多斯乌审旗100kW碟式太阳能光热示范电站项目	2012年7月底完成建设
8	北京兆阳光热	河北宣化 2×400m 菲涅尔回路示范	2014年5月建成发电
9	中科院电工研究所	延庆1MW塔式热发电实验平台	2012年8月12日已成功发电
10	江苏太阳宝	20MWh熔融盐储热发电系统	2014年3月20日产出蒸汽
11	天瑞星	沧州光热产业园300m槽式集热器示范装置	以示范演示为目的，2013年9月完成
12	中科院电工研究所	兆瓦级太阳能槽式热发电实验平台	2012年7月份启动，2016年完成
13	华电	廊坊120m 200kW槽式聚光集热器实验平台	2011年1月已投运
14	天瑞星、内蒙古圣和新能源	包头滨河新区4×150m中高温槽式太阳能供暖供热系统示范回路	以中高温应用示范为目的，基本全部建成
15	国电青松吐鲁番新能源	180kW槽式光热发电项目	2011年6日12日完成建设
16	皇明太阳能	延庆124m槽式太阳能集热系统	2010年12月建设完成，随后又新增12m，完成测试，正在运行
17	中航空港	顺义槽式太阳能热发电技术示范基地	※2010年初建成，目前已拆除
18	西航动力	云南楚雄1MW碟式斯特林光热示范电站	2015年建成
19	澳大利亚Solastor等	江苏江阴 2MW_{th} 塔式光热发电示范项目	2014年7月份完成建设
20	海南天能电力、中科院电工研究所和北京寰能天宇科技	海南临高200m^2光热发电与海水淡化联合示范项目	2013年5月完成

（续）

序号	项目方	项目名称	备注
21	上海骄英能源和海南惟德能源	海南乐东县尖峰镇180kW$_{th}$菲涅尔海水淡化示范项目	2013年11月份完成建设
22	康达新能源	中意合作东莞1MW槽式太阳能热发电技术示范项目	完成建设，投入运行
23	兰州大成	2列各150m槽式太阳能聚光集热系统	200kW 槽式+线性菲涅尔联合试验系统于2012年5月9日发电
		2列各96m的线性菲涅耳式集热系统	
24	皇明太阳能	皇明线性菲涅尔屋顶热发电项目	2010年7月17日开工，规划4万m^{2}屋顶面积，但仅安装了1/10左右即中止，未能实现发电运行，与规划的2.5MW发电装机差距较大
25	益科博	益科博三亚1MW模块定日阵示范项目	2012年1月23日建成，发电成功
26	首航光热	首航光热公司天津1MW$_{th}$槽式项目	2014年3月建成运行

本章小结

全球光热发电站装机容量中，槽式技术占比超过90%，塔式是发展较快的一种技术形式。已投入运行的光热发电站中，主要分布在美国和西班牙。国内光热发电在能源结构中的战略地位逐步提升。

美国的伊万帕（Ivanpah）发电站（392MW）、新月沙丘发电站（110MW）是全球知名的光热发电站，国内典型的光热发电项目包括我国首个槽式+线性菲涅尔式聚光太阳能光热发电试验示范系统——兰州大成太阳能热发电站（200kW）、亚洲第一座塔式太阳能热发电站——延庆太阳能高温热发电站（1MW）、国内首座线性菲涅尔式中高温热发电站——太阳谷屋顶太阳能高温热发电站（2.5MW），全球首座屋顶太阳能高温热发电站）、国内首个太阳能商业化光热发电项目——内蒙古鄂尔多斯抛物面槽式太阳能热发电特许权示范项目（50MW）等。

问题与思考

1. 从全球典型光热发电项目的建设与运营，分析全球光热发电技术的方向和前景。
2. 你认为国内光热发电技术存在哪些技术和经济瓶颈？

参 考 文 献

[1] 高援朝，曹国璋，王建新. 太阳能光热利用技术[M]. 北京：金盾出版社，2015.

[2] 张耀明，邹宁宇. 太阳能热发电技术[M]. 北京：化学工业出版社，2016.

[3] 高援朝，沙永玲，王建新. 太阳能热利用技术与施工[M]. 北京：人民邮电出版社，2010.

[4] 殷志强. 太阳能光热技术的进展[J]. 太阳能，2011(18)：29-30.